우리는 왜 달에 가는가

달에 대한 모든 것

우리는 왜 달에 가는가

달에 대한 모든 것

초판 1쇄 발행 2025년 10월 15일

지은이 최변각

펴낸곳 서울대학교출판문화원
주소 08826 서울 관악구 관악로 1
도서주문 02-889-4424, 02-880-7995
홈페이지 www.snupress.com
페이스북 @snupress1947
인스타그램 @snupress
이메일 snubook@snu.ac.kr
출판등록 제15-3호

ISBN 978-89-521-3927-6 03440

달에 대한
모든 것

우리는 왜 달에 가는가

최변각 지음

서울대학교출판문화원

시작하면서

우주에 존재하는 수많은 천체 중 인류에게 가장 중요한 것을 순서대로 꼽는다면 당연히 지구와 태양, 그리고 달이 아닐까? 태양은 당연하지만 달 역시 존재하지 않았거나 달랐다면, 지구는 지금과는 매우 다른 모습의 행성이었을 것이다. 달은 인류가 지구를 벗어나 처음으로, 그리고 현재까지는 유일하게 발을 디딘 천체이다. 우리의 관심은 태양계의 다양한 천체와 이를 넘어 심우주로 뻗어 나가고 있지만 그럴수록 가장 가까운 천체인 달에 관한 관심도 함께 커지고 있다. 우리는 과연 달에 대해 무엇을 알고 있으며 알려고 할까? 인류는 왜 달에 갔었고 가려고 하는 것일까?

우리는 예로부터 시간 기준을 정함에 있어 지구의 자전을 하루로, 달의 (지구 주위) 공전을 한 달로, 지구의 (태양 주위) 공전을 한 해로 선택했다. 우리말 '한 달'도, 영어의 'a month'도 대략 달이 지구 주위를 한 바퀴 도는 데 걸리는 시간을 기준으로 삼는다. 한 달이란 기준은 우리 생활에 하루나 한 해에 못지않은 여러 의미를 가진다. 더구나 달 생성 이후 달과 지구의 각운동량 보존은 지구의 자전 속도, 즉 하루의 길이까지 결정해 왔다. 달은 밤하늘을 어둡지 않게 해주고, 달의 조석력은 밀물과 썰물을 만들 뿐 아니라, 지구 주위를 돌면서 마치 보조 바퀴처럼 중심을 잡아 주고 있어 생명체가 살 수 있는 환경 생성과 유지에 커다란 역할을 하고 있다. 수많은 지질학적 변화를 경험하여 과거의 기록이 변형되고 지워진 지구와 달리 달의 표면에 남아 있는 생성 후 초기 기록은 지구형 행성의 생성과 초기 진화 과정을 이해하는 데 매우 중요한 연구 자료이다. 더불어서 달 표면에는 오랜 기간 누적되어 온 수많은 충돌의 흔적이 분포하며, 이는 태양계 행성 진화 과정의 기록이기도 하다. 지구-달 시스템은 태양계 어떤 행성-위성 조합과도 다른 독특한 특징을 보이며 이런 특징은 달의 성인을 특별하게 해석해야 함을 의미한다. 따라서 달의 탄생부터 지구-달 시스템의 진화를 이해하는 것은 지구과학과 행성과학의 측면뿐 아니라 인류를 포함한 모든 생명체의 탄생과 진화 과정을 이해하는 데도 매우 중요하다.

앞으로 인류는 달을 과학적으로 연구하면서 동시에 태양계 및 우주 연구와 탐사를 위한 전진기지로 활용할 것이다. 달의 자원은 이를 위한 중요한 자산이 될 것이다. 20세기 중반 미국과 (구)소련이 경쟁적으로 진행했던 달 탐사는 21세기로 넘어오면서 일본, 중국, 인도, 유럽연합(EU)이 합류했고, 달 궤도선 '다누리'의 성공과 함께 우리나라도 달 탐사국 대열에 들어섰다. 심지어 최근에는 달 관광과 달 자원탐사를 꿈꾸는 민간 기업까지 등장했다. 이처럼 달에 관심이 커지고 있는 시기임에도, 달을 과학적으로 소개하는 우리글로 된 책은 찾아보기가 힘들었다. 그래서 그간 달에 관해 공부한 내용을 정리한 책을 쓰는 것이 무척 의미 있을 것 같았다. 생각해 보면 글을 쓰면서 새롭게 공부한 내용이 많다는 것도 개인적인 기쁨이다.

글을 구상하면서부터 쓰는 내내 가장 어려웠던 부분은 적절한 난이도를 유지하는 것이었다. 이 책은 가볍게 읽을 수 있게 쓴 것은 아니며, 앞서 밝힌 것처럼 달을 과학적으로 소개하려는 목적으로 쓴 책이다. 새로운 분야를 공부하면서 관련 서적을 읽다 보면 느끼는 점 중 하나는 중간이 빈다는 것이다. 달과 관련된 분야도 마찬가지로 쉽고 가볍게 읽을 수 있는 책이 제법 풍부하고, 전문가를 위한 서적이나 자료는 물론 많다. 하지만 전문가 수준은 아니더라도 조금 더 깊게 공부하고 싶을 때, 조금 더 자세히 알고 싶을 때 추천할 만한 책이 거의 없다는 것이 필자의 생각이었고, 이 틈새를 메우는 책을 쓰고 싶었다. 필자가 성공했는지는 전적으로 독자의 판단이겠지만, 필자의 의도만은 독자에게 전달되었으면 하는 바람이다.

내용의 특성상 전문 용어와 명칭이 많이 등장하는 것도 죄송스러운 부분이다. 영어로 처음 정의된 용어 중에는 우리말 번역이 없거나, 있더라도 익숙하지 않거나 혹은 어색한 경우도 있을 것이다. 추가로 자료를 찾아보고 싶은 경우 이 책과 관련된 분야는 아직은 한글보다 영문으로 검색해야 훨씬 풍부한 결과를 제공한다. 이런저런 이유로 전문 용어와 명칭은 처음 등장하거나 설명할 때, 또는 문맥상 필요하다고 판단될 경우 영문을 함께 적었다. 좀 번잡해 보이더라도 이해 부탁드린다.

이 책은 8개의 장으로 구성되어 있다. 먼저 1장에서는 달과 태양계의 다른 구성원을 정의하고 분류하면서 달의 일반적 특징을,

2장에서는 달 또는 지구-달 시스템을 다른 행성-위성 시스템과 비교하면서 달의 과학적 의미와 지구에 미치는 영향에 대해 살펴보았다. 3장에서는 1950년대 중반부터 시작되어 아폴로 프로그램으로 대표되는 과거의 달 탐사 기록과 대표적 성과를 정리했다. 4장부터 7장에 걸쳐서는 지금까지 알게 된 달에 관한 여러 과학적 사실과 달의 생성 및 진화 과정에 대한 이론들을 각각 달의 표면(4장), 내부(5장), 탄생(6장), 자원(7장)으로 나눠서 살펴보았다. 마지막 8장에서는 우리가 다시 달에 가는 이유에 대해 생각해 보면서 현재와 미래의 달 탐사를 소개하고 정리했다. 인용한 자료는 복잡함을 피하고자 본문 뒤에 따로 정리했다. 중복되는 경우에는 가능한 한 최근 논문이나 자료를 인용했다.

인류가 쌓아온 달에 관한 수많은 연구 업적 탐사의 기록을 한 권의 짧은 책에 담는 것은 불가능하고, 필자의 능력 밖이며, 그럴 의도도 없다. 더구나 지질학, 좁게는 지구화학과 운석학이라는 필자의 학문적 배경을 벗어나지 못하는 글이다. 다만 관심을 가진 독자들이 달을 과학적으로 이해할 수 있는 의미 있는 입문서가 되었으면 하는 바람으로 글을 썼다. 매우 오만한 부제 '달에 대한 모든 것'은 '필자가 알고 있는 달에 대한 모든 것'으로 이해해 주시기 바란다. 본문 중에는 필자의 전문 지식을 넘어서는 내용도 일부 포함되어 있다. 교육자로서 어설픈 지식을 전달하는 것이 얼마나 위험한지 잘 알고 있어, 설명의 오류를 범하지 않으려 노력했다. 하지만 여전히 해당 분야 전문가의 질책을 받을 부분이 남아 있을지도 모르겠다.

과학은 끊임없는 질문과 합리적인 해답을 찾는 과정의 사슬이다. 이 글에 포함된 수많은 의문부호를 보면서, 이 책이 필자가 스스로 묻고 자료를 찾아 공부하면서 답을 찾아 나간 일기 같다는 생각도 한다. 이제 글을 쓰는 내내 필자가 느꼈던 달을 공부하는 즐거움이 주는 설렘이 전달되었으면 하는 바람으로 독자분들께 책을 넘긴다.

차례

1장

달을 소개합니다

달이란 무엇인가? 밤하늘에 때로는 낮에도 다양한 모습으로 크고 밝게 빛나는, 지구와 가장 가까운 천체를 우리는 달이라고 부르며, 영어로 'moon', 독일어로 'mond', 라틴어로 'luna', 프랑스어로 'lune', 그리스어로 'selene', 일본어로 'つき(月)', 중국어로 '月球(또는 月亮)' 등으로 읽고 쓴다(읽어보기 1-1). 지구 밖 천체 중 우리에게 태양 다음으로 익숙한 달은 지구 주위를 도는 유일한 자연위성이며, 지구는 항성인 태양을 도는 8개의 행성 중 세 번째로 태양에 가까운 행성이다. 위성, 행성, 항성이란 무엇이며 서로 어떻게 다른 것인가? 어떻게 보면 21세기를 사는 우리에게 너무 익숙한 태양계의 천체들을 정의하는 것이 어색할 수도 있고 불필요하다고 생각할 수도 있지만, 이어질 설명에 대한 이해를 돕기 위해 태양계의 구성원을 분류하고 정의하면서 대표적인 특징을 살펴보자.

읽어보기 1-1.

달의 명칭과 어원

우리말 '달'이 언제부터 사용되었고 어떤 어원을 갖는지에 대해서는 기록이나 자료를 찾지 못했다. 혹시 밤하늘에 '달'려 있어서 또는 보이는 모양이 계속 '달'라져서 그런 것인가? 아니면 역으로 달의 계속 변하는 모습에서 '달라지다'가 유래했나? 엉뚱하고 과감한 상상을 혼자 해볼 뿐이다. 필자의 전공 영역과는 거리가 먼 이야기고 관련된 자료도 찾지 못해 아쉽게도 우리가 왜 밤하늘의 밝은 천체를 '달'이라고 부르는지 어원에 대해서는 알아내지 못했다. 달을 뜻하는 한자 '月'은 초승달(혹은 반달) 모양을 본뜬 상형문자라는 것이 잘 알려져 있다. 영어의 'moon'과 독일어의 'mond'는 원시 인도-유럽어 'mēnsis(또는 mēnōt)'에서 유래했다고 하는데 'measure'와 같은 어원을 가지고 있다고 한다. 달의 위상 변화는 한 달(month)의 시간 길이를 측정하는 기준이 되므로 같은 어원을 갖게 된 것으로 추정된다. 우리말의 '달'처럼 한자어 '月' 역시 마찬가지로 지구의 위성 이름으로도 사용되고, 일 년을 12개로 구분한 시간 기준으로도 사용된다. 우리말 동사 '달다'는 매우 여러 의미로 사용되는데 흥미롭게도 그중 하나는 '무게를 달다'와 같이 '측정하다(measure)'의 의미를 갖는다.

프랑스어 'lune'과 라틴어 'luna'는 로마 신화에 등장하는 달의 여신 'Luna'에서 유래한 것이다. 영어에서는 형용사형으로 'lunar'가 사용된다. 그리스 신화에서 달의 여신은 'Selene'이므로 그리스어로 달은 'selene'이다. 그리스 신화에서 'Selene'의 어머니는 거인족 'Theia'이다. 가장 유력한 달 생성 이론인 거대충돌설에 의하면 초기 지구에 화성 정도 크기의 원시 행성이 충돌하여 달을 만들었다고 한다. 이때 충돌하여 달을 탄생시킨 가상의 원시 행성을 'Theia'라고 부르기도 한다.

태양계의 구성원

물리적으로 구분되는 태양계의 구성원 또는 우주의 천체는 항성, 행성, 위성, 왜행성, 소행성, 혜성 등으로 분류한다. 항성star은 스스로 강한 빛을 내는 천체이며 태양계에서는 태양이 유일하다. 스스로 강한 빛을 내는 이유는 내부(핵)에서 핵융합반응nuclear syntheses에 의해 엄청난 열에너지가 생성되어 외부로 방출되면서 표면이 아주 높은 온도를 유지하기 때문이다. 태양의 경우 표면 온도가 약 5,500℃이다. 핵융합반응이 일어나기 위해서는 적합한 물질(대표적으로 수소)로 구성되어야 하지만, 무엇보다 충분한 질량을 가져 핵 온도를 최소 수백만 도 이상으로 유지할 만큼의 압력을 생성해야 한다. 사실 온도를 가진 모든 물체는 빛을 낸다. 다만 표면 온도가 낮은 경우 항성과 비교했을 때 매우 미미한 양의 빛을 발산할 뿐만 아니라 주로 우리 눈에는 잘 안 보이는 영역의 빛을 방출한다. 따라서 온도가 낮은 태양계 천체의 경우 우리가 보는 빛은 태양의 빛이 반사된 것이다. 온도를 가진 물체가 내는 빛은 온도에 따라 파장의 분포가 결정되며, 5,500℃인 태양 표면에서 방출되는 빛은 수백 nm 파장에서 가장 강하다. 우리 눈은 태양빛 중 가장 강한 영역을 볼 수 있도록 진화했고, 따라서 우리가 볼 수 있는 380nm에서 700nm 사이의 빛을 가시광선이라 부른다. 그렇기 때문에 태양계가 아닌 다른 항성-행성계의 생명체가 눈이 있다면 우리와는 다른 영역의 빛을 볼 가능성이 크다. 만약 태양보다 높은 온도의 항성을 돌고 있는 행성의 생명체라면 자외선 또는 그보다 짧은 파장을 볼 것이며,

그림 1-1. **태양계의 행성들**
크기만 비교한다면, 지구보다 훨씬 큰 목성, 토성, 천왕성, 해왕성 그룹과 지구와 비슷하거나 작은 행성 그룹인 지구, 금성, 화성, 수성으로 구분할 수도 있다. 목성 및 토성 그룹과 천왕성 및 해왕성 그룹으로 세분하는 것도 의미 있어 보인다. 이런 구분은 이들 행성의 구성물질과도 관련이 있다. Image credit: NASA.

낮은 온도의 항성 주변의 생명체라면 적외선 또는 그보다 긴 파장을 볼 것이다. SF 소설이나 영화에 등장하는 적외선을 보는 외계인은 이런 과학적 상상에 기인한다.

내부에서 핵융합반응이 일어나지 않는 작은 천체 중에서 상대적으로 크고 항성 주위를 공전하는 것은 행성行星이라고 한다. 태양계에는 태양에 가까운 것부터 수성, 금성, 지구, 화성, 목성, 토성, 천왕성, 해왕성까지 8개의 행성이 있다(그림 1-1). 밤하늘에 빛나는 천체들은 달을 제외하고는 예로부터 별이라고 불렀다. 대부분 별은 태양계 밖 매우 멀리 떨어져 있어서 별자리처럼 상대적인 위치가 고정된 것처럼 보인다. 태양계 내 행성들은 이에 비해서 지구에 훨씬 가깝고, 모두 태양 주위를 서로 다른 공전 거리에서 서로 다른 속도로 돌고 있으므로 밤하늘에서 보이는 위치가 서로 변한다. 이 때문에 마치 밤하늘을 돌아다니는 것처럼 보이므로 행성이라고 불린다. 영어 'planet'이 방랑자란 뜻을 갖는 고대 그리스어에서 유래했으며, 이를 한자어로 옮기면서 어원의 의미를 살린 것이다. 한자어로 된 학술용어, 특히 과학용어는 이런 경우가 많다. 참고로 일본식 표현은 미혹할 혹惑을 사용한 혹성이다.

항성 주위를 직접 공전하는 것이 아니라, 행성이나 다른 소천체 주위를 도는 천체는 위성衛星이라고 부른다. 위성은 행성을 호위하는 별이다. 위성을 뜻하는 영어의 'satellite'는 주요 인물을 호위하는 사람 또는 동반자 등을 뜻하는 라틴어에서 유래했다. 행성의 궤도를 설명하는 케플러의 법칙으로 유명한 요하네스 케플러Johannes Kepler, 1571~1630가 잠시 뒤에 소개할 목성의 네 위성에 대해 1610년에 처음 사용했다고 한다. 일반적으로 크고 무거운 행성일수록 중력이 크므로 위성을 거느릴 가능성 역시 크다. 태양계의 행성 중에서 수성과 금성처럼 위성을 가지지 않는 것도 있고 목성과 토성처럼 백 개가 넘는 위성을 갖는 것도 있다. 지구는 하나의 위성을 갖고 있다. 달이다. 태양계 여덟 행성 중에서 위성을 하나 가진 것은 지구가 유일하다. 수성과 금성은 위성이 없으므로 달은 태양에 가장 가까운 위성이다.

우리말 '달'과 영어의 'moon'은 모두 고유명사로도 일반명사로도 사용된다. 지구의 밤하늘에 밝게 빛나는 지구의 유일한 자연 위

그림 1-2. **갈릴레이가 발견한 목성의 대표적인 위성**
크기순으로 배열한 것으로 왼쪽부터 가니메데, 칼리스토, 이오, 유로파이다. 물론 당시 갈릴레이가 관찰한 모습은 목성 주위의 작은 점이었다. 목성으로부터 거리는 이오, 유로파, 가니메데, 칼리스토 순으로 멀어진다. Image credit: NASA.

성인 바로 그 '달'을 의미하기도 하지만, 일반적으로 위성이라는 뜻으로도 사용되어 목성과 토성의 위성이란 표현 대신, '목성과 토성의 달moons of Jupiter and Saturn'이라는 표현도 무난하게 쓸 수 있다. 하지만 이 책에서는 구분의 편의를 위해 달은 오직 지구의 달에만 사용하고, 나머지는 위성이란 표현을 사용하기로 하자. 또 인류가 만든 위성이 워낙 많아져, 흔히 위성을 달과 같은 자연 위성natural satellite이 아니라 인공위성artificial satellite이란 의미로 사용하기도 하지만, 이 책에서는 단순히 자연 위성이란 의미로 사용하겠다. 지구의 달을 제외하면 위성은 처음 망원경을 이용하여 천체를 관측한 학자 중 한 명인 갈릴레오 갈릴레이Galileo Galilei, 1564~1642가 1609년과 1610년에 목성의 위성 중 큰 것 네 개를 발견한 것이 최초이다. 이오Io, 유로파Europa, 가니메데Ganymede, 칼리스토Callisto 이렇게 네 개의 위성을 갈릴레이 위성Galilean satellites이라고 한다(그림 1-2). 이후 지금까지 태양계 전체에서 약 300개의 위성이 발견되었다.

주변에 위성뿐 아니라 수많은 작은 얼음 또는 암석 파편들로 이루어진 원반 모양의 띠인 고리ring를 갖는 행성도 있다. 그림 1-1에서 보는 것처럼 토성이 대표적으로 알려졌지만 네 개의 목성형 행성인 목성, 토성, 천왕성, 해왕성은 모두 고리를 가지고 있다. 얼마나 뚜렷하게 보이느냐의 차이일 뿐 고리는 다양한 천체 주변에서 흔하게 발견된다. 고리를 형성하고 있는 물질의 기원은 다양하지만, 위성으로 뭉쳐지지 못하고 남은 파편 또는 위성이 부서진 파편이 대표적이다. 뭉치지 못하거나 부서지는 현상은 행성에 너무 가까운 경우에, 즉 로슈 한계Roche limit 안쪽에서 일어난다. 로슈 한계 이내로 접근하게 되면 가까운 쪽과 먼 쪽에 작용하는 힘(중력)의 차이가 너무 커 위성이 부서져 버린다. 로슈 한계는 두 천체 간의 거리와 두 천체의 밀도에 관한 함수이다. 지구와 달의 경우 약 1만 km 내로 달이 접근하면 달은 지구 중력의 영향으로 부서져 버린다. 그랬다면 우리 지구는 달(위성)이 아니라 그림 1-3과 같은 고리를 가진 행성이 되었을 것이다.

여기서 의문이 하나 생긴다. 위성도 행성을 돌고 있고 고리도 행성을 돌고 있는데, 어떻게 보면 고리를 이루고 있는 작은 파편 하나하나도 위성으로 볼 수 있지 않을까? 고리의 일부가 아니라 독립된 위성으로 인정받기 위한 조건 또는 위성으로 불리기 위한 최소 크기에 대한 기준은 무엇일까? 태양계에서 가장 큰 위성은 목성의 가니메데(지름 약 5,268km)이며, 2024년 기준으로 행성을 돌고 있는 것 중 가장 작은 위성들은 지름이 대략 1km 정도이다. 이보다 작은 경우에는 '소위성moonlet'이라고 부르기도 한다. 예를 들어 'S/2009

그림 1-3. **카시니와 토성의 대기**
NASA의 토성 탐사선 카시니가 토성 대기로 진입하면서 바라보는 토성의 대기층과 고리의 상상도이다. 만약 지구생성 초기에 달이 아니라 고리가 만들어졌다면 우리는 지구의 하늘에서 이런 모습을 보고 있지 않을까? 물론 달이 만들어지지 않았다면 인류를 포함한 모든 생명체가 지금처럼 지구에 번성하고 있을지도 확실하지 않지만. Image credit: NASA/JPL-Caltech.

S1'이라 불리는 천체는 토성의 고리에서 발견된 지름 약 300m의 천체이다. 이처럼 작은 천체의 지름을 비교적 정확히 아는 이유는 지구에서 관측된 것이 아니라 토성 무인 탐사선인 '카시니-호이겐즈 Cassini-Huygens'가 토성 가까이 접근해서 찍은 토성 고리 사진에서 발견된 것이기 때문이다. 행성이 아닌 왜행성이나 소행성 주위를 도는 천체도 위성으로 불리며 그 크기가 매우 다양하다. 현재 위성의 크

기에 대한 기준은 없지만, 태양계 탐사선이 늘어나고 우주 관측 기술이 개선될수록 더 작은 크기의 천체들이 계속 발견될 것이기 때문에 위성에 대한 기준도 언젠가 새롭게 정리가 될 것으로 생각한다.

행성처럼 태양을 공전하지만 크기가 작은 경우 왜행성, 소행성, 혜성 등으로 불린다. 태양계 내 이들 소천체는 그 수를 셀 수 없을 정도로 많다. 크고 작다는 것은 상대적인 개념이므로 행성, 왜행성 또는 소행성을 크기로 구분하기 위해서는 좀 더 구체적인 정의가 필요하다. 먼저 꼬마 행성을 일컫는 왜행성矮行星, dwarf planet은 비교적 최근에 도입된 용어이다. 2006년 이전에는 태양계 내 9개의 천체를 행성으로 분류했다. 목록에서 사라진 하나의 행성은 명왕성Pluto이며, 2006년 국제천문연맹international astronomical union에 의해 행성에서 왜행성으로 재분류되었다. 현재 태양계 행성으로 분류된 천체 중 가장 작은 것은 수성으로 지름이 약 4,880km이며, 명왕성은 대략 절반인 약 2,377km이다. 예전에는 소행성으로 분류된 것 중 가장 큰 세레스Ceres가 약 940km의 지름을 가져 명왕성과의 크기 차이가 뚜렷하므로 명왕성을 행성으로 분류하는 데 모호함이 없었다. 하지만 21세기에 명왕성 궤도 밖에서 비슷한 크기의 천체가 발견되면서 이를 새로운 행성으로 정의해야 하느냐에 대한 논쟁이 시작되었다. 국제천문연맹의 결론은 행성의 수를 늘리는 대신 왜행성이라는 새로운 분류를 도입하는 것이었으며, 다음의 세 조건을 모두 만족해야 행성으로 분류하기로 했다. 먼저 당연히 태양(항성) 주위를 공전해야 한다. 지구 주위를 공전하는 달은 행성으로 분류될 수 없다. 다음으로 행성은 정역학적 평형hydrostatic equilibrium을 이룰 만큼 충분한 질량을 가져 큰 규모에서 거의 완벽한 구형이어야 한다. 소행성들은 그렇지 못해 타원체 또는 매우 불규칙한 모양을 유지한다. 마지막으로 자신의 공전 궤도에서 중력적으로 지배적이어야 한다. 즉 공전 궤도 근처에서 태양을 공전하는 천체가 여러 개 존재하면 행성으로 분류하지 않는다.

명왕성은 이 중 마지막 조건을 만족하지 못한다. 명왕성 궤도 가까운 곳에는 명왕성족plutino이라 불리는 많은 소천체들이 존재하는데, 명왕성이 중력적으로 지배적이라면 이들을 모두 끌어들여 더 큰 천체로 성장했어야 한다. 또한 명왕성은 카론Charon이라 불리는 위성을 가지고 있는데 지름이 명왕성의 거의 절반 정도로 위성으로 부르기 모호할 정도로 매우 크다. 이 때문에 둘의 무게 중심은 명왕성에 좀 더 가깝긴 하지만 명왕성 밖 두 천체 사이에 위치한다. 즉 카론이 명왕성 주위를 공전하는 것이 아니라 명왕성과 카론 모두 둘 사이의 무게 중심을 명왕성은 좀 작은 원을, 카론은 큰 원을 그리며 돌고 있다. 지구-달을 포함하여 태양계 내 다른 모든 행성-위성 시스템의 무게 중심은 행성 내부에 존재한다. 이런 이유로 명왕성과 명왕성 궤도 바깥에서 발견된 에리스Eris 그리고 이전에는 소행성으로 분류되던 세레스까지 세 천체를 2006년에 왜행성으로 새롭게 분류하였고, 이후 하우메아Haumea, 마케마케Makemake, 콰오아Quaoar, 세드나Sedna, 오르쿠스Orcus, 공공Gonggong 등이 차례로 목록에 추가되었으며 앞으로 더 늘어날 가능성이 크다.

왜행성 중 가장 큰 명왕성과 에리스는, 태양계에서 가장 큰 위성인 목성의 가니메데는 물론 달보다도 작다(그림 1-4). 하지만 행성

그림 1-4. **달과 수성, 가니메데 등의 크기 비교**
왼쪽부터 태양계에서 가장 작은 행성인 수성(지름 4,880km), 가장 큰 위성인 가니메데(5,268km), 지구의 달(3,475km), 왜행성인 명왕성(2,377km)과 세레스(939km)이다. 달은 왜행성보다 더 크고, 목성의 위성인 가니메데는 행성인 수성보다도 크다. NASA에서 제공하는 이미지를 크기비에 맞춰 배치한 것이다. Image credit: NASA.

이 되기 위해 위성보다 더 커야 한다는 것은 조건에 추가되지 않았다. 만약 그랬다면 목성의 위성 가니메데보다 작은 수성도 행성의 지위를 잃어버렸을 것이다. 밀도가 매우 큰 수성은 가니메데보다 더 무거워서 행성으로서의 체면을 유지하고 있다. 이와 같은 분류는 자연이 그렇게 나누어져 있는 것이라기보다는 인간이 편의상 구분한 것이므로 언제든 필요에 의해 바뀔 수 있다.

행성과 왜행성처럼 태양을 공전하긴 하지만 완전한 구형을 이룰 만큼 질량을 갖지 못한 소천체는 소행성 또는 혜성으로 분류한다. 이 중에서 혜성comet은 얼음과 같이 온도가 높아지면 비교적 쉽게 기체로 변하는 휘발성 성분이 풍부하게 포함된 암석질 소천체이며 이심률이 매우 큰 공전 궤도, 즉 길게 늘어진 타원의 공전 궤도를 그린다. 태양에 비교적 가깝게 접근하면 표면의 휘발성 성분이 증발하면서 밀려 나가 기다란 꼬리를 만들기 때문에 지구에서 관찰할 때 다른 천체와 뚜렷하게 구분된다. 요즘 잘 사용되지는 않지

그림 1-5. **소행성과 혜성 사진**
구형 또는 구형에 가까운 큰 천체와 달리 불규칙 모양을 하고 있다. 왼쪽부터 소행성 류구(Ryugu, 162173), 소행성 베누(Bennu, 101955), 혜성 빌트2(Wild2, 81P/Wild). 모두 시료회수임무(sample return mission)가 성공적으로 수행된 천체이다. 폭은 왼쪽부터 약 1km, 0.5km, 5km이다. Image credit: Ryugu (JAXA Hayubusa 2), Bennu (NASA OSIRIS-REx), Wild2 (NASA Stardust).

만, 순우리말로 '꼬리별', 또는 화살 모양이라고 '살별'로 불리기도 한다. 한자어로 혜성彗星은 빗자루(비) 모양의 별이라는 의미이다. 소행성asteroid은 태양 주위를 도는 다양한 크기의, 하지만 앞서 언급한 것처럼 정역학적 평형을 이룰 만큼의 충분한 질량은 가지지는 못한 암석질 천체를 총칭하는 용어이다. 세레스가 왜행성으로 재분류되어 빠져나가면서 현재 가장 큰 소행성은 평균 지름 약 525km(573×557×446)의 베스타Vesta이다. 짧은 지름이 긴 지름의 약 78% 정도이므로 행성과 같은 구형이 아니라 타원체임을 알 수 있다. 소행성은 태양계에 여러 위치에 폭넓게 존재하지만, 화성과 목성 사이인 주 소행성대main asteroid belt와 해왕성 궤도 밖에 있는 카이퍼 벨트Kuiper belt 등에 집중적으로 분포한다.

소행성, 혜성 등 소천체는 더 큰 행성으로 성장하지 못한 초기 태양계의 잔해들이다(그림 1-5). 행성으로 성장하면 성장 과정에서 축적된 에너지에 의해 화학적 분화가 일어나면서 초기의 기록을 대부분 잃어버린다. 끊임없이 지질학적 분화에 의해 새로운 암석을 만드는 지구가 좋은 예이다. 따라서 작은 천체들은 태양계 초기 형성사를 연구하기에 최적의 대상이며 최근 여러 우주 탐사가 소행성과 혜성에 집중된 이유 중 하나이다.

태양, 행성, 위성, 소행성, 혜성까지 모든 태양계 구성원은 화학적으로 비교적 균질했던 것으로 생각되는 태양계 성운solar nebula에서 만들어졌다. 태양계의 평균 조성은 수소(74%)와 헬륨(24%)이 전체의 약 98%를 차지하며 나머지 무거운 원소들은 다 합쳐도 2%에 불과하다. 나머지 2%의 좀 더 무거운 원소들이 지구와 달 등 고체 천체를 만든 주요 성분이다. 거대한 분자 구름molecular cloud이 자체 중력을 이기지 못하면 수축하게 되고, 수축하면서 점차 회전속도가 빨라져 원반 모양의 태양계 성운이 형성된다. 태양계 중력의 중심으로 모든 물질이 나선형을 그리면서 모여들어 원시 태양을 형성했다. 원시 태양으로 끌려들어 가지 않기 위해서는 충분한 질량을 가진 물체, 즉 고체(암석이나 얼음) 덩어리로 성장해 원심력을 가져야 한다. 이들이 소행성과 행성을 만든 재료이다. 태양계의 구성원들은 어느 한순간에 지금의 모습으로 탄생한 것이 아니다. 태양계 성운에서 먼지와 같이 매우 작은 입자들이 모여 좀 더 큰 암석을 만들고 주변 암석과 충돌하면서 합쳐져 점차 성장했다. 미약하더라도 중력을 가질 정도로 커지면 좀 더 효율적인 성장이 가능하고, 이들 중 각 공전 궤도에서 좀 더 압도적으로 성장한 것들이 주변의 크고 작은 천체를 흡수하는 과정을 통해 점차 지금의 모습으로 변해왔다. 이러한 충돌을 통한 성장 과정은 태양계 생성 초기가 훨씬 격

렬하고 빈번했었을 뿐 지금도 일어나고 있다. 지구는 지질학적으로 살아 있는 행성이므로 활발한 지질 활동에 의해 초기 충돌의 기록이 거의 지워졌지만, 달은 생성 과정부터 현재까지 충돌 과정을 대부분 보관하고 있어 행성 진화 박물관이라고 불릴 만한 천체이다. 이제 이 책의 주인공인 달에 대해 조금 자세히 살펴보자.

달의 물리량

현재 지구와 달의 평균 거리인 384,400km는 빛의 속도로도 1.28초가 걸리는 거리이다. 고속도로를 달리는 자동차의 속도인 시속 100km로는 160일 이상, 음속으로도 13일 정도 걸린다. 물론 이는 직선으로 가는 경우 걸리는 시간이며, 표면에서 표면까지 최단 거리라면 가장 가까울 때 거리에서 달과 지구의 반지름을 뺀 약 348,300km로 빛의 속도로 1.16초가 걸린다. 달의 지름은 3,475km로 지구와 비교하면 27% 정도이며, 부피는 지구의 2%이다. 달의 질량은 7.4×10^{22}kg으로 지구의 1.2%에 불과하다. 따라서 달의 중력은 지구의 약 1/6 수준이다. 중력이 이처럼 작다는 것은 달에서 우주선을 발사할 때 더 적은 에너지로 가능하다는 것이며 달이 태양계 탐사의 전초 기지가 될 수 있는 대표적 조건이다(8장). 질량을 비교하면 지구에 비해 매우 작은 것처럼 느껴지지만 달은 태양계 행성 주위를 도는 300여 개의 위성 중 다섯 번째로 큰 위성일 뿐만 아니라 행성인 지구에 비해서는 매우 큰 위성이다. 지구가 이처럼 상대적

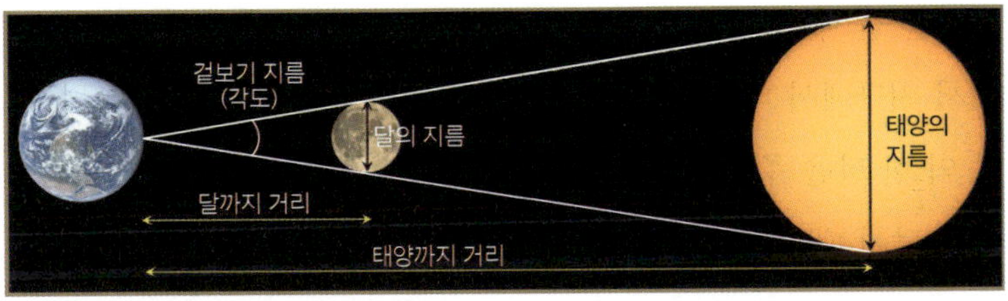

그림 1-6. 겉보기 지름 모식도
달과 태양까지 거리의 비와 달과 태양의 지름의 비가 같다면 겉보기 지름이 같아 지구에서 볼 때 같은 크기로 보인다. 그림에 표현된 크기비와 거리비는 이해를 돕기 위한 것일 뿐 실제값과는 크게 다르다.

으로 거대한 위성을 가진 이유는 달의 성인을 논할 때 반드시 설명되어야 할 부분 중 하나이다(6장).

달의 표면적은 약 3.8×10^7 km^{2}로 지구의 약 7%를 조금 넘으며, 아시아(4.5×10^7 km^2)와 아프리카(3.0×10^7 km^2) 면적의 중간 정도 넓이이다. 달은 지표면에서 망원경과 같은 광학적 도구 없이도 맨눈으로 표면 구조를 볼 수 있는 유일한 천체이다. 공교롭게도 맨눈으로 보이는 크기인 겉보기 지름(시직경)이 약 0.5도(29.3~34.1분)로 태양(31.6~32.7분)과 거의 같다(그림 1-6). 겉보기 지름이 같은 것, 즉 지표면에서 바라보는 태양과 달의 크기가 거의 같아 보이는 것은 시간과 공간이 만든 우연의 일치이다. 태양과 달은 각각 지름이 약 1,392,680km와 약 3,475km로 태양이 401배 더 크다. 지구와의 평균 거리는 약 1.508×10^8km와 384,400km로 태양이 약 392배 더 멀다. 이 두 비율이 약 400으로 거의 같기 때문에 지구에서 바라볼 때 태양과 달은 크기가 거의 같아(태양이 아주 조금 더 크게) 보인다. 또한 달과 태양의 겉보기 지름이 거의 같으므로 우리는 드물게 개기

일식을 볼 수 있다. 지구와 달 모두 타원형의 공전 궤도를 돌고 있어서 지구에서 바라보는 태양의 크기는 일 년을 주기로, 달의 크기는 약 한 달을 주기로 달라진다. 달의 겉보기 지름이 태양보다 작을 때는 달이 태양으로 쏙 들어가는 금환일식이 관찰되기도 한다.

달과 지구의 평균 거리 역시 변한다. 달리 말하자면 달이 지구를 공전하는 타원의 크기가 조금씩 커지고 있다. 탄생 이후 달과 지구의 거리는 계속 멀어졌고 지금도 일 년에 평균 약 3.8cm씩 멀어지고 있다. 이런 속도로 10억 년 전으로 되돌아간다면 지구-달 거리가 약 10% 줄어들어 태양과 달의 거리비가 430배 정도가 되므로 이 시기에 지구에서 바라본 달은 태양보다 조금 더 크게 보였을 것이다. 실제로 달이 멀어지는 속도는 과거에 더 빨랐으므로 지구에서 바라보는 달의 크기는 지구의 역사에 걸쳐 좀 더 극적으로 변해 왔다. 과거의 달과 지구의 거리, 달이 점점 멀어지는 이유 등에 대해서는 2장에서 좀 더 자세히 설명하려고 한다. 앞으로 밤하늘의 달은 점점 작게 보일 것이다. 물론 그 차이를 눈으로 느끼려면 인류가 앞으로 아주 아주 오래 지구에서 살아야 하겠지만.

달의 공전과 자전 그리고 위상

지구에서는 달의 한쪽 면만을 볼 수 있다. 지구를 향한 쪽을 달의 앞면near side, 반대쪽을 달의 뒷면far side이라고 한다(그림 1-7). 1959년 소련의 무인 달 탐사선 루나Luna 3호가 처음 촬영에 성공하

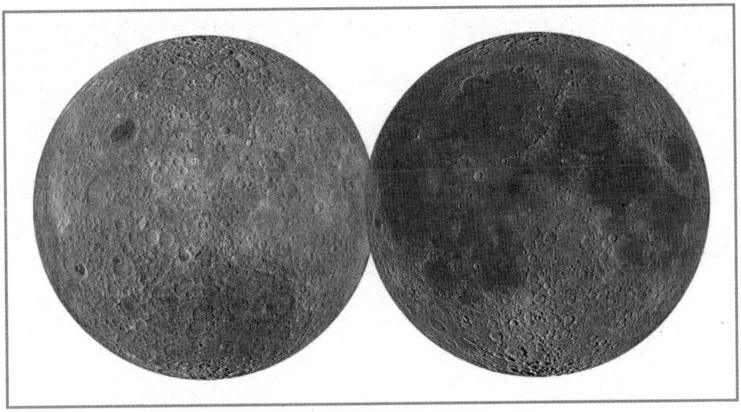

그림 1-7. **달의 앞면(오른쪽)과 뒷면(왼쪽)**
NASA의 달 궤도 탐사선 LRO(3장에서 소개)가 촬영한 이미지를 합친 것이다. 지구에서 볼 수 있는 앞면과 볼 수 없는 뒷면 모습이 서로 다름을 알 수 있다. Image credit: NASA.

기 전까지 달의 뒷면은 인류에게 미지의 세계였다. 이후 다양한 달 탐사로 많은 관찰이 이루어졌지만, 여전히 앞면에 비하면 뒷면에 대한 과학적 정보는 매우 부족하다. 달이 앞면만을 보여 주는 이유는 달이 공전 주기와 자전 주기가 일치하는 동주기 자전synchronous rotation을 하기 때문이다. 공전과 자전 주기가 일치하는 현상은 달만의 특징은 아니다. 행성의 조석력 때문에 행성에 가까운 위성에서 일어나는 일반적 현상이며, 항성에 가까운 행성에서도 관찰되어 외계 항성-행성계에서 비교적 흔하게 볼 수 있는 현상이다. 조석력이 동주기 자전을 일으키는 과정에 대해서도 2장에서 좀 더 자세히 설명하려고 한다.

달의 자전 주기와 공전 주기는 모두 약 27일, 좀 더 정확하게

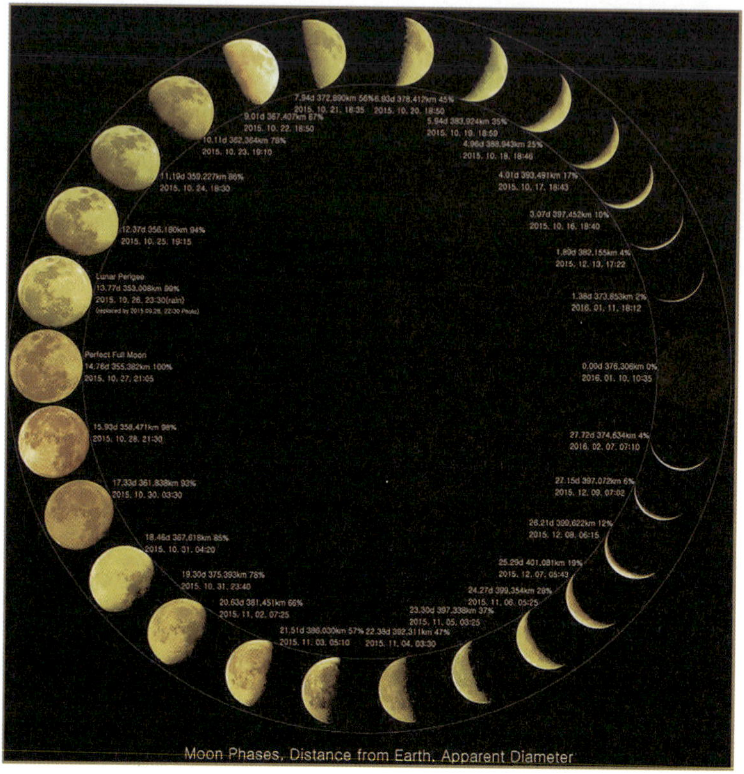

그림 1-8. **달의 위상 변화**

그림에서 상대적인 위치는 지구는 원의 중심, 태양은 오른쪽 밖이다. 달이 지구 주위를 돌면서 햇빛을 반사하는 모습이 달라져 3시 방향을 기준으로 반시계 방향으로 돌면서 삭-초승-상현-보름-하현-그믐-삭이 반복된다. 우리나라에서 바라본 모습이며, 필자의 대학 선배인 두경택 작가가 2015년 10월부터 2016년 2월에 걸쳐 촬영이 가능한 날에 찍은 사진을 합성한 것이다. Image Credit: 두경택.

는 27.321582일로 같다. 하지만 달이 지구 주위를 공전하는 동안 지구도 태양 주위를 공전하며 이동하므로 태양을 향한 각도가 달라져 달은 이를 따라잡아야 한다. 따라서 달의 위상을 기준으로 한다면 주기는 약 29.53일로 지구에서 볼 때 약 29.53일마다 같은 달의 모습이 반복된다. 달의 표면은 태양광을 반사해 빛나는데, 지구를 중심으로 태양과 달이 이루는 각도에 따라 지구에서 바라보는 달의 빛나는 면이 달라진다. 달의 위상이라고 부르는 이 현상은 우리에게 매우 익숙한 모습이며(그림 1-8), 음력(월력)의 기준이 된다. 동주기 자전으로 인해 태양을 기준으로 하는 달의 하루는 지구 시간으로 29.53일이다. 달 표면에서는 거의 보름간은 해가 있는 낮이며, 거의 보름은 밤이 지속된다. 표면이 받는 태양 에너지를 순환시켜 줄 대기와 물이 없고 낮과 밤이 길게 이어지는 달에서는 적도를 기준으로 낮에는 120℃ 이상 온도가 올라가고 밤에는 -130℃ 이하로 떨어지는 일이 반복된다.

달이 지구와 태양 사이에 들어오면 달의 뒷면만 태양광을 받기 때문에 지구에서는 달의 밝은 면을 거의 볼 수 없는 삭朔이 된다. 이때 달이 정확히 태양과 지구 사이에서 일직선상에 놓이면 일식日蝕이 일어난다. 지구의 공전 궤도와 달의 공전 궤도가 같은 평면 위에 있는 것이 아니라 조금 기울어져 있으므로 일식은 드물게 일어나는 현상이다. 달이 반대쪽으로 돌아가 태양-지구-달이 거의 직선에 놓이면 달의 앞면이 태양광을 받아 빛나므로 보름달滿月이 된다. 마찬가지로 이 배열이 완벽한 직선이면 지구의 그림자에 달이 들어가는 월식月蝕이 일어난다. 지구를 중심으로 태양과 달이 90도를 이루면 우리는 반달을 볼 수 있다. 달의 위상이 삭에서 보름으로 갈 때 북반구 기준으로 달의 오른쪽이 밝게 빛나며, 보름에서 삭으로 갈 때는 왼쪽이 밝게 빛난다. 오른쪽이 밝게 빛나면 상현上弦이고, 왼쪽이 밝게 빛나면 하현下弦이다. 남반구에서는 반대이다. 삭에서 상현으로 가면서 일부만 빛나는 달을 초승달이라고 부르며 하현이 지나 삭이 되기 전 일부만 빛나는 달을 그믐달이라고 한다. 초승은 한자 초생初生에서, 그믐은 '사그라들다'라는 의미를 갖는 옛말 '그뭄다'에서 유래했다고 한다. 지구의 북극 위에서 내려다볼 때 달은 지구를 반시계 방향으로 돌면서 삭-초승-상현-보름-하현-그믐-삭을 반복해 보여 준다(그림 1-8).

지구에서 달의 앞면, 정확히 달 표면 50%만을 볼 수 있는 것은 아니다. 지구를 향한 달의 면이 조금씩 틀어지기 때문에 달 표면의 최대 약 60%까지는 지구에서 관찰할 수 있다. 지구를 향한 면이 조금씩 움직이는 현상인 칭동libration이 일어나는 가장 큰 이유는 달이 타원 궤도를 돌고 있어 지구와의 거리에 따라 공전 각속도가 변하기 때문이다. 이 외에도 지구와 달의 공전축 및 자전축이 서로 조금 기울어져 있는 것과 지구의 자전 때문에 월몰 때와 월출 때 달을 바라보는 각도가 조금 달라지는 것 등에도 영향을 받는다.

달의 궤도에서 달이 지구에 가장 가까워지는 지점을 근지점이라고 하며 지구로부터 약 36만 km 떨어져 있고, 가장 먼 지점인 원지점은 약 40만 5천 km 떨어져 있다. 당연히 거리가 달라지면 지구에서 보는 달의 크기도 변한다. 앞에서 살펴본 것처럼 달의 겉보기 지름은 약 0.5도(30분)이며, 가장 작을 때가 29.3분이고 가장 클 때가 34.1분이다. 지름을 기준으로 가장 클 때가 작을 때에 비해 16% 정도 더 크다. 근지점이면서 동시에 보름달인 경우를 슈퍼문supermoon, 원지점일 때를 마이크로문micromoon이라고 한다(그림 1-9).

지구의 자전축은 공전면(황도면)의 축에 대해 약 23.5도 기울어

그림 1-9. **슈퍼문(오른쪽)과 마이크로문(왼쪽)의 크기 비교**
달이 지구를 타원 궤도로 돌고 있어 멀리 있을 때와 가까이 있을 때의 지구에서 보는 크기가 다르다. 가장 가까운 점(근지점)에 있으면서 동시에 보름달인 경우 슈퍼문, 멀리 있을 때(원지점)를 마이크로문이라고 부른다. Image credit: 두경택.

져 있어 우리는 사계절을 가진다. 달이 지구 주위를 공전하는 면은 황도면에 대해 5.14도 기울어져 있고 달의 자전축은 공전축에 대해 6.68도 기울어져 있다. 6.68도와 5.14도의 차이인 1.54도가 달의 자전축이 황도면의 축에 대해 기울어진 정도이다. 즉 달은 거의 수직으로 서서 태양 주위를 돌고 있다(그림 1-10). 이 때문에 달은 지구와 같이 의미 있는 계절 변화가 존재하지 않으며, 달의 북극과 남극의 분지 내부에는 영원히 햇빛이 들지 않는 음영대가 존재한다. 이곳에 혜성 등에 의해 공급된 얼음이 보존되어 있을 가능성은 오래전부터 추정되어 왔다. 달의 물(얼음)에 대해서도 7장에서 좀 더 자세히 살펴볼 것이다.

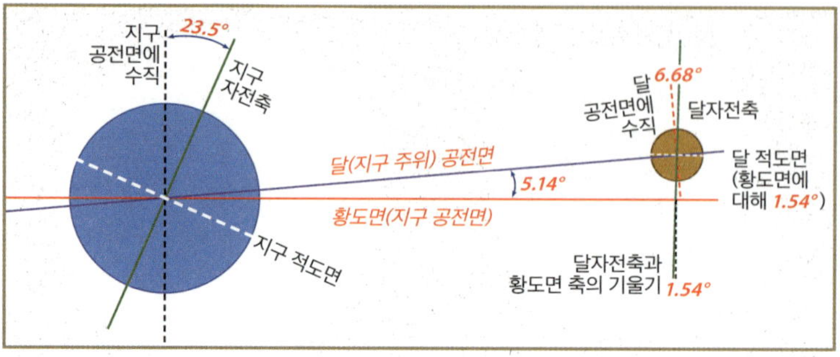

그림 1-10. **지구와 달의 공전 궤도면과 자전축의 기울기**

그림에서 수평선은 지구의 공전면, 즉 황도면이다. 지구는 여기에 23.5도 기울어져 자전한다. 달의 공전면은 황도면에 5.14도 기울어져 있으며, 달은 공전면에 6.68도 기울어져 지구를 공전한다. 6.68도와 5.14도의 차이인 1.54도가 달의 적도면과 황도면의 각도이다. 즉, 달의 자전축은 황도면의 축에 대해 1.54도만큼 기울어져 있어 달은 지구와 달리 태양 주위를 수직으로 서서 돌고 있다고 할 수 있다.

달의 표면

보름달을 바라보면 조금 더 밝은 곳과 어두운 곳이 뚜렷하게 구분된다. 각각을 달의 고지대high land와 바다mare라고 부른다. 달의 바다는 지구처럼 물이 있는 곳은 아니지만 달을 관찰한 초기 천문학자들이 바다로 오해해서 붙인 이름을 지금도 그대로 사용하고 있다. 밝은 부분은 초창기엔 육지라는 뜻에서 '테라terra'라고 불렀다. 이 두 지역은 고도가 달라서 말 그대로 달의 고지대는 높고 달의 바다는 좀 더 낮고 편평한 지형이다. 그렇지만 무엇보다 지역을 이루고 있는 암석이 서로 달라 상대적으로 밝거나 어둡게 보인다. 달의 고지대를 이루는 암석은 회장암anorthosite이 대표적이며, 달의 바다는 현무암basalt 용암이 흘러 덮고 있다. 우리나라 제주도나 전곡 등에서 볼 수 있는 것처럼 현무암은 대표적으로 어두운색의 암석이며, 회장암은 사장석plagioclase 중에서 칼슘Ca이 풍부한 회장석anorthite으로 주로 이루어져 좀 더 밝은색을 띤다. 그림 1-7에서 우리는 달의 앞면과 뒷면이 서로 다른 모습을 하고 있음을 볼 수 있다. 대표적으로 뒷면에서는 달의 바다라 불리는 어두운 부분을 거의 볼 수가 없다. 이런 비대칭성의 원인에 대해서는 아직도 논쟁이 진행 중이며 해결해야 할 과학적 숙제 중 하나이다.

조금만 성능 좋은 망원경을 사용하면 달 표면에 있는 수많은 원형의 구조를 볼 수 있다. 그림 1-7의 달의 앞면과 뒷면 이미지에도 수많은 원형의 구조들이 보인다. 이들 대부분은 크고 작은 충돌구impact crater이다. 간혹 분화구라고 표현한 자료도 있는데 이는 잘못된 표현이다. 분화구volcanic crater(또는 화산분화구)는 화산이 폭발해 만든 구덩이로 충돌구와 성인이 다르다. 지구에서는 충돌구보다 화산분화구가 더 흔하지만 달에서는 충돌구가 압도적으로 많다. 달에 충돌구가 많은 이유는 지구에 비해 달에 더 많은 충돌이 있어서가 아니라 보존이 훨씬 더 잘 되기 때문이다. 잘 알려진 것처럼 지구는 지질학적 활동이 매우 활발한 행성이므로 과거의 기록이 계속 지워지고 있어 과거의 충돌구는 거의 사라지고 일부를 제외하면 비교적 최근 만들어진 충돌구만 보존되어 있다. 따라서 지구에 일어난 충돌의 역사를 추정하는 데 가까운 달이 좋은 기준이 된다. 달 외에도 수성, 금성, 화성 등 지구형 행성과 다른 고체 천체들, 즉 위성, 소행성에서도 충돌구는 매우 흔한 지질학적 구조이다. 이들 천체의 충돌구를 연구하는 데도 달에서 얻은 정보는 좋은 기준이 된다. 달 표면에는 대기가 없어 현미경으로 들여다봐야 할 정도로 아주 작은 충돌구도 만들어지며, 오래전 형성된 크고 작은 충돌구가 비교적 잘 보존되어 있다. 달의 뒷면 남극-에이트켄분지South Pole-Aitken Basin는 지름이 약 2,500km, 깊이가 약 6~8km에 달하는 태양계에서 발견된 가장 거대한 충돌구로 알려져 있다. 이 거대한 충돌구의 형성 시기는 약 42~43억 년 전으로 추정된다. 달의 지형, 지질, 암석, 충돌구 등 달 표면에서 볼 수 있는 여러 특징에 대해서는 4장에서 좀 더 자세히 설명하겠다.

2장

달은 특별하다

달은 우리에게 너무나 익숙한 천체지만 여러 면에서 특별한 위성이다. 사실 달뿐 아니라 태양계의 모든 구성원, 행성과 위성들은 각자 독특한 특징을 가지고 있다. 예를 들어 지구가 태양계에서 유일하게 표면에 물이 풍부하고 생명체가 번성하고 있는 행성이라는 점 등은 굳이 강조할 필요도 없을 것이다. 금성은 전체적으로 지구와 매우 비슷한 조성과 크기를 가졌지만, 무려 100기압에 가까운 두터운 대기를 가졌으며 대기의 대부분이 대표적인 온실 기체인 이산화탄소라서 평균 표면온도가 무려 464°C이다. 토성은 아름다운 고리로 유명하지만, 또 다른 놀라운 특징 중 하나는 이 거대한 행성이 물에 뜰 정도의 밀도(0.687g/cm^3)를 가진, 크기에 비해 매우 가벼운 행성이라는 점이다. 토성의 엔셀라두스Enceladus는 깨끗한 얼음으로 뒤덮여 있어 거울처럼 반짝이는 독특한 표면을 가진 위성이다. 목성의 위성인 칼리스토는 빈자리가 없을 정도로 빽빽하게

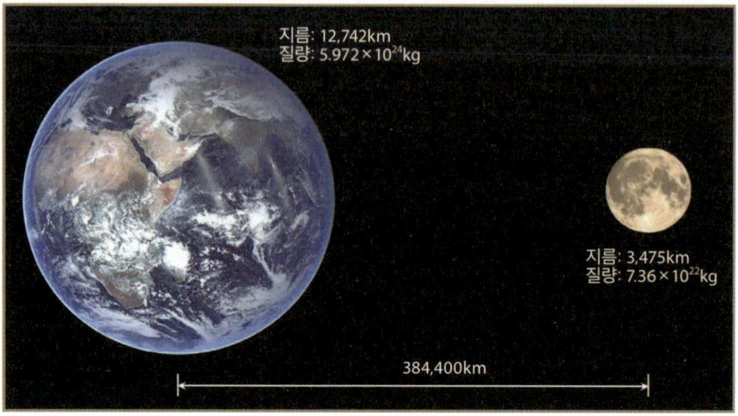

그림 2-1. **지구-달 시스템**

지구와 달의 크기는 실제 비율을 반영했지만, 지구와 달의 거리는 1/20로 축소해 가깝게 그린 것이다. 달의 지름은 지구의 27% 정도이며, 지구와 달의 거리는 지구 지름의 30배 정도이다.

충돌구로 뒤덮여 있으며, 반대로 이오는 고체 천체임에도 표면에서 충돌구를 찾아볼 수가 없다. 이처럼 개별 천체가 매우 독특할 뿐 아니라 행성-위성 조합도 서로 다르다. 지구-달 시스템(그림 2-1) 역시 태양계의 다른 행성-위성 조합과 구별되는 특징을 여럿 가지고 있다. 태양계의 다른 위성들과 구별되는 달의 특징은 무엇이며 지구-달 조합이 갖는 특징은 무엇인지 살펴보자. 현재 지구 특징의 적어도 일부는 지구-달 시스템의 영향을 받아 형성된 것이다. 달과 지구는 탄생 이후 서로 끊임없이 영향을 주고받고 있으며, 지구상의 생명체에게 달은 여러모로 특별한 존재이다. 달이 없는 지구는 어떤 모습일지 상상할 수 있을까?

달은 커다란 것일까, 크게 보이는 것일까?

달은 우선 어떤 천체보다 지구에 가깝기도 하지만, 태양계의 위성 중에서도 비교적 크기 때문에 지구에서 망원경의 도움 없이 맨눈으로도 표면의 대략적 특징은 보일 정도로 크게 보인다. 앞서 1장에서 살펴본 것처럼 달의 겉보기 지름은 약 0.5도로 태양과 거의 같다. 지구에서 바라보는 달이 얼마나 큰지는 다른 행성에서 보이는 위성의 크기와 비교하면 알 수 있다. 행성 표면에서 바라보는 위성의 겉보기 지름은 그림 1-6에서 본 것과 같이 위성의 지름과 행성 표면에서 위성까지의 거리에 비례한다. 표 2-1은 대표적인 위성의 지름, 행성과 위성 사이의 거리, 그리고 행성에서 바라본 위성의 겉보기 지름 등을 정리한 것이다. 행성에서 바라보는 위성 중에서는 지구에서 바라보는 달이 가장 크게 보인다는 것을 알 수 있다. 비교하기 민망하긴 하지만 또 다른 지구형 행성인 화성의 자그마한 위성 포보스Phobos(27×21.6×18.8km)와 데이모스Deimos(16×12×10km)는 매우 작아서 둘을 합쳐도 질량이 모행성인 화성의 0.000002%에 불과하다. 이 두 위성 중 더 크고 가까운 포보스는 화성으로부터 평균 9,376km 떨어져 있는데 지구-달 거리에 비하면 무척 가깝다. 더구나 점점 가까워지고 있어 로슈 한계 안쪽으로 들어와 부서질 가능성도 있다. 이토록 가까운데도 불구하고 크기가 매우 작아 화성에서 보는 두 위성의 크기는 겉보기 지름이 0.13도와 0.03도에 불과하다. 태양으로부터 지구보다 약 1.5배 더 멀리 떨어져 있는 화성에서 바라본 태양의 겉보기 지름은 0.32도로 지구에서 보는 크기의

표 2-1. 태양계 대표적 위성의 크기와 모행성에서 바라본 겉보기 지름

행성	위성	위성 질량 (kg)	위성 지름 (km)	행성과의 평균 거리 (km)	겉보기 지름	행성 대비 지름비
지구	달(Moon)	7.34×10^{22}	3,475	384,000	0.52°	0.273
화성	포보스(Phobos)	1.06×10^{16}	~22	9,376	0.13°	0.003
	데이모스(Deimos)	1.51×10^{15}	~12.5	23,463	0.03°	0.002
목성	가니메데(Ganymede)	1.48×10^{23}	5,268	1,070,400	0.28°	0.038
	칼리스토(Callisto)	1.08×10^{23}	4,820	1,882,700	0.15°	0.034
	이오(Io)	8.93×10^{22}	3,643	421,700	0.49°	0.026
	유로파(Europa)	4.80×10^{22}	3,121	670,900	0.27°	0.022
토성	타이탄(Titan)	1.35×10^{23}	5,149	1,221,780	0.24°	0.044
	레아(Rhea)	2.30×10^{21}	1,527	527,108	0.17°	0.013
	아이아페투스(Iapetus)	1.81×10^{21}	1,469	3,560,820	0.02°	0.013
	디오네(Dione)	1.10×10^{21}	1,123	377,396	0.17°	0.010
	테티스(Tethys)	6.27×10^{20}	1,062	294,619	0.21°	0.009
	엔셀라두스(Enceladus)	6.50×10^{19}	504	237,948	0.12°	0.004
천왕성	티타니아(Titania)	3.53×10^{21}	1,577	435,910	0.21°	0.031
	오베론(Oberon)	3.01×10^{21}	1,522	583,520	0.15°	0.030
	움브리엘(Umbriel)	1.17×10^{21}	1,169	266,000	0.25°	0.023
	아리엘(Ariel)	1.35×10^{21}	1,158	190,900	0.35°	0.023
해왕성	트리톤(Triton)	2.15×10^{22}	2,707	354,759	0.44°	0.055
명왕성	카론(Charon)	1.59×10^{21}	1,212	19,591	3.54°	0.510

* 행성 표면 어디에서 보느냐에 따라 행성과 위성의 거리가 달라지지만, 편의상 중심 간의 거리를 사용했다. 명왕성은 왜행성으로 분류되지만, 비교를 위해 포함시켰다.

약 61%(면적으로는 약 37%)이다. 화성에 일식이 일어나면 이처럼 작은 태양 안으로 아주 가까이서 화성을 돌고 있는 포보스가 쏙 들어간다. 이런 화성의 일식은 큐리오시티 로버Curiosity Rover나 퍼서비어런스 로버Perseverance Rover 등 화성에 보내진 여러 화성 탐사 로봇에 의

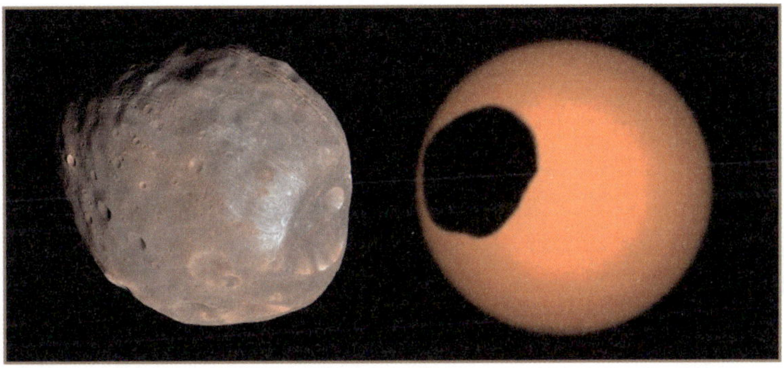

그림 2-2. **화성의 일식**

화성의 달 포보스(왼쪽)와 2024년 2월 8일 퍼서비어런스 로버가 화성 표면에서 바라본 포보스에 의한 화성의 일식(오른쪽). 포보스의 크기, 화성으로부터의 거리 등은 표 2-1 참조. Image credit: NASA/JPL-Caltech.

해 여러 번 관찰되었다(그림 2-2). 화성의 위성은 크기가 작아 그렇다고 하더라도, 목성의 가니메데, 칼리스토, 이오 그리고 토성의 타이탄Titan과 같이 달보다 큰 위성도 각각 행성에서 바라본 겉보기 지름은 달보다 작다. 즉, 행성에서 바라본 위성 중에서는 지구에서 보는 달이 가장 크다. 오직 왜행성인 명왕성에서 바라본 카론만이 달의 겉보기 지름을 압도한다. 더구나 1장에서도 잠깐 언급했고, 뒤에 좀 더 자세히 설명하겠지만 달은 과거에는 지구와 더 가까웠으며 지금도 지구로부터 점차 멀어지고 있다. 일부 모델에 의하면 탄생 초기의 달은 지구로부터 지금의 약 1/10 거리인 3만 km 정도 떨어져 있었을 것으로 추정되며, 지표면에서 바라본 그때의 달은 겉보기 지름이 지금의 10배가 넘는 거대한 달이었을 것이다. 물론 당시 지구에는 달을 바라본 생명체는 없었겠지만.

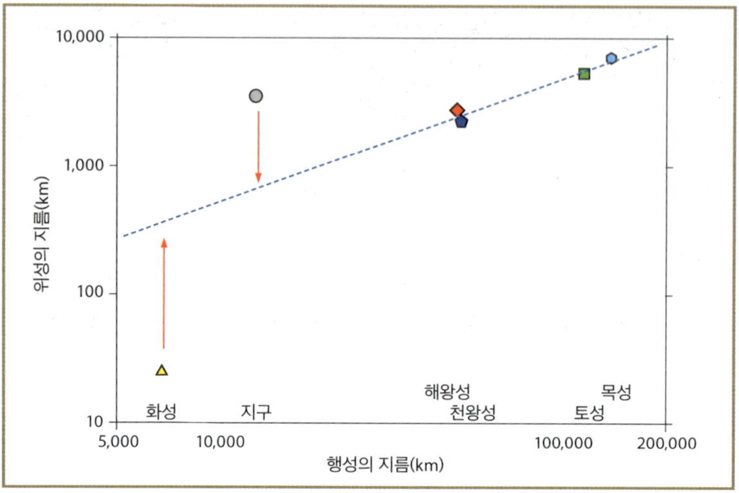

그림 2-3. **행성과 위성의 크기 비교**

수직축은 위성의 지름이고, 수평축은 모행성의 지름이다. 크기 차이가 크게 나므로 로그 스케일(log scale)을 이용했다. 지구를 제외한 다른 행성들은 복수의 위성을 보유하고 있으므로 비교를 위해 하나로 합쳐진 가상의 위성을 설정해 지름을 계산했다. 모행성이 커지면서 위성도 커진다. 파란 점선은 지구와 화성을 제외한 대략적인 태양계의 행성과 위성 크기비를 보여 준다. 이 관계를 기준으로 하면 화성은 지름이 1/10 정도 작은 위성을 가지고 있고 지구는 대략 5배 정도 큰 위성을 가지고 있음을 볼 수 있다. 질량을 이용해 계산해도 비슷한 경향을 보여 준다. 다만 크기가 좀 더 직관적이라 판단되어 지름을 이용해 나타냈다.

달은 지구에서 크게 보일 뿐 아니라 실제로도 매우 큰 위성이다. 달은 태양계에서 위성 중 가니메데, 타이탄, 칼리스토, 이오 다음으로 다섯 번째로 큰 위성이지만 모행성과의 비율로는 당당히 첫 번째 자리를 차지한다. 그림 2-3은 태양계의 행성과 위성의 크기비를 비교한 것인데 지구가 행성의 크기에 비해 얼마나 큰 위성을 가지고 있는지를 보여 준다. 1장에서 이미 살펴본 것처럼 달의 크기는 지름을 기준으로 지구의 27%에 달한다(그림 2-1, 표 2-1). 카론의 지름은 명왕성의 50% 정도로 달의 상대 비율을 능가해 명왕성이 행성으로 계속 분류되었다면 달의 모행성 대비 크기는 태양계에서 두 번째가 되었을 것이다. 어떤 경우든 지구는 상대적으로 매우 큰 위성을 동반하고 있다. 달의 성인을 논할 때 설명되어야 할 특징이다. 달은 상대적으로 큰 위성이고, 다른 어떤 천체와 비교해도 지구에 매우 가깝기 때문에 지구와 많은 영향을 주고받는다. 대표적으로 달의 중력은 지구 바다에 조석, 즉 밀물과 썰물이 일어나는 가장 큰 요인이다. 그러나 달의 영향력은 단순히 바닷물의 높이를 결정하는 데 그치지 않는다. 달이 지구에 미치는 영향은 뒤에서 좀 더 자세히 살펴보기로 하자.

달은 과연 밝은가?

맑은 날 휘영청 보름달은 매우 밝다. 달이 밝게 보이는 이유는 태양광을 반사해서 그런 것인데, 그럼 달 표면의 암석들은 특별히 반사율이 높은 암석들일까? 그렇지 않다. 사실 달은 비교적 어두운, 반사율이 높지 않은 천체에 속한다. 표 2-2는 태양계의 몇몇 행성, 왜행성, 위성의 반사율을 비교한 것이다. 반사율albedo은 입사하는 빛(엄밀하게는 전자기파)을 얼마만큼 반사하는가를 나타낸다. 예를 들어 반사율이 50%이면, 입사한 빛의 절반을 반사한다는 뜻이다. 천체는 편평하지 않고 둥근 모양이며 표면에 굴곡도 있으므로 아무리 반사율이 좋은 물질로 이루어져 있어도 관측자 눈에는 덜 밝게 보일 수 있다. 완전히 편평한 모양이라고 가정했을 때의 반사

표 2-2. **태양계 행성, 왜행성, 소행성, 위성의 반사율 예시**

천체	분류	반사율
엔셀라두스(Enceladus)	위성	90%
트리톤(Triton)	위성	85%
금성(Venus)	행성	75%
목성(Jupiter)	행성	50%
베스타(Vesta)	소행성	42%
명왕성(Pluto)	왜행성	41%
토성(Saturn)	행성	34%
지구(Earth)	행성	31%
천왕성(Uranus)	행성	30%
해왕성(Neptune)	행성	29%
화성(Mars)	행성	25%
타이탄(Titan)	위성	20%
달(Moon)	위성	11%
수성(Mercury)	행성	9%
류구(Ryugu)	소행성	5%
베누(Bennu)	소행성	4.4%

달은 비교적 낮은 반사율을 가진 천체이다.
* 정확한 수치는 자료에 따라 조금씩 다르다.

율을 기하학적 반사율Geometric albedo이라고 하고, 천체에 입사된 빛이 우주 공간으로 반사되어 나가는 비율은 본드 반사율Bond albedo이라고 한다. 이 책에서 반사율 수치는 본드 반사율을 인용한다.

지구의 반사율은 대략 30%를 조금 넘는다. 물론 우주에서 바라본 지구는 표면이 육지, 바다, 빙하, 구름 등으로 매우 다양하게 이루어져 있고 이들의 반사율은 서로 다르다. 이들이 지구 표면에서 차지하는 비율도 날씨, 계절 등에 따라 조금씩 변한다. 따라서

31% 정도가 평균값이며, 정확한 수치는 자료마다 조금씩 다르다. 달의 반사율은 11% 정도로 지구의 1/3 정도에 불과하며, 행성 중에서는 수성이 유일하게 달보다 좀 더 낮은 반사율을 갖는다. 우리 주변에서 흔히 볼 수 있는 물체 중에는 오래된 아스팔트 도로 표면이 달과 비슷한 반사율을 갖는다. 태양계에서 반사율이 높은 천체 중 하나는 반사율이 90% 이상인 엔셀라두스이다. 엔셀라두스는 반사율이 달의 8배 이상이므로 만약 달 표면이 이와 유사했다면 우리의 밤은 지금과는 비교도 되지 않을 정도로 밝았을 것이다. 엔셀라두스가 유리처럼 반짝이는 이유는 계속해서 새로 만들어지는 얼음 알갱이들이 표면을 덮기 때문이며, 비교적 매끈한 표면을 가지고 있기 때문이다. 엔셀라두스는 토성의 조석력 때문에 지질학적으로 매우 활동적인 위성이므로 화산 폭발이 지속적으로 일어나고 있다. 하지만 주로 얼음으로 이루어진 위성이므로 지구와 달리 암석이 녹은 용암이 폭발하는 화산이 아니라 물과 얼음 알갱이를 뿜어내는 소위 '얼음화산활동cryovolcanism'이 일어난다. 얼음화산에서 뿜어져 나온 얼음 알갱이는 토성의 고리 일부를 채우기도 하고, 엔셀라두스 표면을 끊임없이 깨끗한 얼음으로 뒤덮어 반짝이게 만들고 있다. 이와 달리 달은 표면이 주로 비교적 반사율이 낮은 회장암(반사율 11~18%)과 현무암(반사율 7~10%)으로 이루어져 있으며 크고 작은 수많은 충돌구 때문에 표면 기복이 심해 전체적인 반사율이 11%에 불과하다. 달, 지구, 엔셀라두스가 서로 얼마나 다른 반사율을 갖는지 비교하기 쉽도록 그림 2-4에 함께 나타냈다. 그림은 NASA의 심우주 기후 관측 위성Deep Space Climate Observatory, DSCOVR이 찍은 지구-달 사

그림 2-4. **지구, 달, 엔셀라두스의 반사율 비교.**
NASA의 심우주 기후 관측 위성이 찍은 지구-달 사진에 엔셀라두스를 달과 같은 크기로 합성했다. 엔셀라두스는 반사율이 90%, 지구는 평균 31%이다. 달은 평균 11% 정도이지만 사진은 달의 뒷면이므로 조금 더 높을 수 있다. Image credit: NASA.

진에 엔셀라두스를 달과 같은 크기로 합성한 것이다. 달의 뒤편에서 찍은 사진이므로 달의 크기가 조금 과장되어 있다. 물론 달이 가장 낮은 반사율을 가진 천체는 아니며, 달보다 더 낮은 반사율을 가지는 천체도 있다. 대표적으로 C-형 소행성들은 매우 낮은 반사율을 갖는다. 예를 들어 최근 각각 일본과 미국이 시료회수임무sample return mission를 성공시킨 소행성 류구Ryugu와 베누Bennu는 4~5% 정도의 매우 낮은 반사율을 보인다.

조금은 같고 조금은 다른 지구와 달의 조성

달과 지구는 둘 다 주로 암석으로 이루어진 고체 천체라는 사실에서 기대할 수 있는 것 이상으로 조성이 매우 유사하다. 우리가 지구의 조성과 내부구조에 대해 알고 있는 정보에 비하면 달에 대한 정보는 당연히 매우 제한적이다. 따라서 달의 조성과 내부구조에 대한 모델은 지구와 비교하면 정확도와 정밀도가 떨어지며, 서로 일치하지 않은 견해도 존재한다. 이를 고려하더라도 현재까지 알려진 분석 정보와 모델에 의하면 평균 화학조성에 있어 달은 지구와 똑같지는 않지만 상당히 유사하다. 얼핏 당연한 것처럼 보이는 모행성과 위성의 구성물질이 서로 유사한 것은 일반적인 현상이 아니다. 먼저 모행성과 그를 돌고 있는 위성의 조성이 유사한 것이 당연하다면, 항성과 그를 돌고 있는 행성의 조성도 그래야 하지 않을까? 하지만 태양을 돌고 있는 8개의 행성을 포함해 모든 태양계의 구성원들은 크기뿐 아니라 화학적으로 서로 뚜렷하게 구분되며 가장 큰 행성인 목성과 토성이 그나마 태양에 근접한 조성을 가졌을 뿐 나머지 태양계의 구성원은 태양과 다르다. 태양은 무려 98%가 가장 가벼운 원소인 수소와 헬륨으로 이루어져 있으며, 산소, 탄소, 규소, 철 등을 포함한 모든 나머지 원소는 겨우 2%에 불과하다. 지구를 포함한 암석질 또는 고체 천체는 이 나머지 원소가 주성분이다. 예를 들어 태양의 가장 풍부한 원소인 수소는 지구 전체의 0.026%에 불과하며, 두 번째인 헬륨은 불활성 기체이므로 정확한 함량을 측정하기 어려울 정도로 극소량이 포함되어 있다. 지구는 산소(29.7%), 규소(16.1%), 마그네슘(15.4%), 철(32.0%), 알루미늄(1.6%), 칼슘(1.7%) 등이 주구성성분이다. 달의 밀도 등 물리적 정보와 달 암석에 대한 화학 분석 결과 등을 종합한 모델에 따르면, 달은 대략 산소(41.4%), 규소(18.6%), 마그네슘(17.4%), 철(9.0%), 알루미늄(5.8%), 칼슘(6.4%) 등으로 이루어져 있다. 이런 달의 화학조성은 지구와 대략 유사하지만, 대표적으로 철과 일부 휘발성 물질이 결핍되어 있다. 물론 이 모든 수치는 달은 물론 지구의 경우에도 다양한 분석자료와 지구화학적·지구물리학적 모델에 의해 계산된 값이다. 우리가 직접 분석할 수 있는 시료는 달은 물론 지구도 표면 일부에 불과하기 때문이다. 물론 지구와 달을 제외한 다른 행성과 위성 등의 화학조성에 대한 정보는 더 부족하다.

태양계의 다른 행성-위성의 조성을 비교해 보자. 수많은 위성을 거느린 목성과 토성은 앞서 설명한 것처럼 태양과 유사하여 주로 수소와 헬륨으로 이루어져 있으며 중심에 암석질 핵과 얼음이 있어 무거운 원소의 함량이 태양보다는 아주 조금 더 높을 것으로 추정된다. 목성의 밀도는 1.326g/cm^{3}이며 토성은 0.687g/cm^{3}이다. 만약 같은 물질로 이루어져 있다면 크기가 작은 위성의 밀도는 이보다도 더 작아야 한다. 하지만 이 두 행성의 대표적인 위성들은 모행성보다 큰 밀도를 가지고 있다. 예를 들어 태양계에서 가장 큰 위성인 목성의 가니메데(밀도 1.936g/cm^3)는 금속철로 이루어진 핵을 규산염 암석층이 둘러싸고 있고 가장 바깥쪽은 주로 얼음으로 이루어진 층이 둘러싸고 있는 것으로 생각되어, 주로 수소와 헬륨으로 이루어진 모행성인 목성과 뚜렷하게 다른 화학조성을 가진다. 또 다른 목성의 위성인 이오는 밀도가 3.53g/cm^3으로 태양계 위성 중 가장 크다. 모행성인 목성보다 오히려 지구와 비슷하게 주로 철과 규산염광물 등 무거운 물질로 이루어져 있음을 짐작하게 한다. 토성의 위성 중 가장 큰 타이탄(밀도 1.88g/cm^3)은 암석질 핵을 얼음 맨틀이 둘러싸고 있으며, 표면 아래에 암모니아가 다량 함유된 액체 상태의 물도 존재할 것으로 추정하고 있다. 역시 수소와 헬륨이 주성분인 토성과는 거리가 멀다.

이런 몇 가지 예에서 볼 수 있는 것처럼 지구와 달의 화학조성의 유사성은 일반적인 현상은 아니다. 더구나 지구와 달의 유사성은 화학조성보다도 동위원소 조성이 거의 일치한다는 점에서 더 두드러진다. 태양계의 천체는 화학조성이 매우 유사하더라도 동위원소 조성까지 유사하기란 힘들다. 이를 동위원소 불균질isotopic heterogeneity(읽어보기 2-1)이라고 하며, 대표적으로 태양계를 만든 물질이 성운 단계에서 완전히 균질하게 섞이지 않았거나, 산소의 경우에는 균질하게 섞인 상태에서 구성원들이 만들어지기 전 성운에서 일어난 여러 물리화학적 작용에 의해 서로 달라질 수도 있다. 원인이 무엇이든 일부 원소의 동위원소 조성에서 불균질성이 발견되며, 가장 먼저 알려진 산소동위원소를 포함하여 크로뮴Cr, 타이타늄Ti 등에서 발견되었다. 예를 들어 지구형 행성인 화성은 지구는 물론 다른 운석 그룹과 달라 화성 운석martian meteorites을 구분하는 데 산소동위원소 조성이 유용하게 사용된다. 하지만 달은 현재까지 알려진 모든 동위원소 조성에서 지구와 구분이 되지 않는다. 이는 달과 지구를 만든 물질이 같음을 의미하며, 달의 기원을 설명할 때 반드시

읽어보기 2-1.

태양계 구성원의 화학조성과 동위원소 조성

화학조성이란 어떤 물질을 구성하고 있는 원소(element)의 함량 또는 비율이다. 원소란 물질의 기본 구성 요소로서, 예컨대 수소, 산소, 철 등이 있다. 하나의 원소는 양성자수가 같고, 양성자수는 곧 원자번호이다. 따라서 "지구는 산소(29.7%), 규소(16.1%), 마그네슘(15.4%), 철(32.0%), 알루미늄(1.6%), 칼슘(1.7%) 등이 주구성성분이다."라는 표현은 지구의 화학조성을 나타낸 것이다. 양성자수가 같은 하나의 원소라도 중성자수가 달라서 질량수(양성자수 + 중성자수)가 다를 수 있다. 이런 원소들을 동위원소(isotope)라고 한다. 예를 들어 원자번호 8번 산소는 중성자수가 16, 17, 18인 세 동위원소가 안정하게 존재한다. 표기 방법은 질량수가 16인 산소라면 위첨자를 이용해 ^{16}O 또는 O-16, 산소-16 등을 사용한다. 특정 동위원소가 원소 전체에 포함된 비를 동위원소 함량 또는 조성(isotopic compositions)이라고 한다. 예를 들어 지구의 평균 산소동위원소 조성은 O-16이 99.8%, O-17이 0.038%, O-18은 0.205%이다.

일반적인 물리화학적 반응, 예를 들어 물이 얼거나 증발하는 경우, 암석이 녹아 마그마가 되거나 역으로 마그마에서 광물이 정출하여 암석이 되는 과정 등에서 동위원소 사이 질량 차이 때문에 반응물과 생성물의 동위원소 조성이 아주 조금 달라질 수 있다. 물이 증발할 때는 질량수가 16인 산소가 가장 가벼우므로 수증기로 아주 조금 더 많이 들어간다. 일반적인 물리화학적 반응에서 일어나는 동위원소 조성의 변화로는 설명이 불가능한 동위원소 조성 차이를 동위원소 불균질이라고 한다. 태양계에서는 현재 산소, 타이타늄(티탄, Titanium, Ti), 크로뮴(크롬, Chromium, Cr) 등에서 동위원소 불균질이 알려져 있다. 산소를 제외하면 불균질의 정도가 매우 미세하기 때문에 동위원소 분석기법이 향상된 최근에 들어와서야 동위원소 불균질이 밝혀지기 시작했다. 동위원소의 불균질은 태양계 천체들의 기원물질을 구분하는 데 유용하며, 지구와 달이 동위원소 조성에서 구분이 되지 않는다는 것은 이 두 천체를 만든 재료가 같다는 것을 의미한다.

충족되어야 할 조건이다(6장 참조).

빠르게 회전하는 지구-달 시스템

지구의 자전과 달의 공전을 고려했을 때, 지구-달 시스템은 매우 빠르게 돈다. 과학용어로 표현하면 각운동량angular momentum이 매우 크다. 각운동량이란 회전하는 물체가 갖는 운동량이다. 직진하는 물체가 갖는 선운동량은 질량m과 속도v에 비례한다. 다른 말로 질량과 속도를 곱한 값이다. 각운동량L은 여기에 중심으로부터의 거리r를 곱하면 된다. 거리는 공전의 경우 회전 중심점으로부터의 거리가 되고, 자전의 경우 반지름이 된다. 이를 수식으로 표현하면 '$L = r \times m \times v$'로 쓸 수 있다. 마찰력과 같이 방해하는 힘이 없으면 운동량은 보존된다. 선운동량의 경우 질량이 변하지 않는다면 속도도 변하지 않아야 운동량이 보존된다. 이 때문에 마찰이 (거의) 없는 우주에서는 계속 추진력을 가해 주지 않아도 우주선이 계속 같은 속도로 날아간다. 각운동량의 경우에는 질량이 고정되더라도 변수가 거리와 속도 둘이므로, 하나가 커지면 다른 하나가 작아져 운동량을 보존할 수 있다. 즉, 회전하는 물체의 경우 거리가 줄어들면 속도가 빨라지면서 각운동량이 보존된다. 일상에서도 이런 예는 흔하다. 피겨 스케이터나 무용수가 팔을 벌리고 회전하다 손을 모으면 빠르게 회전하고, 다시 팔을 펼치면 느려지는 현상도 각운동량 보존이다.

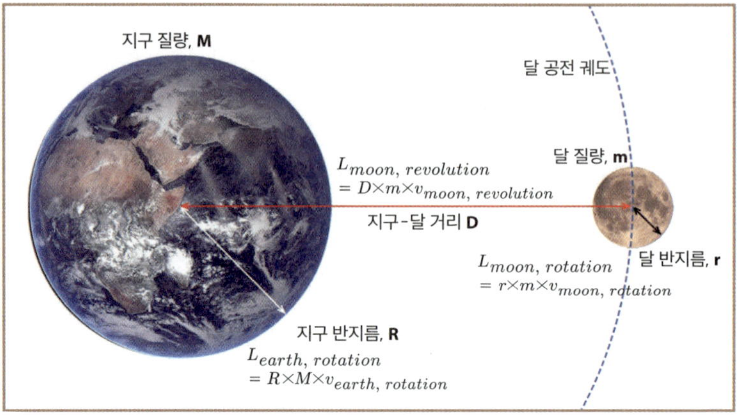

그림 2-5. **지구-달 시스템의 각운동량**

시스템의 총 각운동량($L = r \times m \times v$)은 지구의 자전(rotation), 달의 자전, 달의 (지구 주위) 공전(revolution)에 의한 각운동량의 합이다. 이 중 달의 자전에 의한 각운동량은 거리, 질량, 속도가 모두 상대적으로 작으므로 다른 두 각운동량에 비해 무시할 수 있다. 지구-달 거리(D)가 멀어지면 달의 공전에 의한 각운동량이 증가하므로 총 각운동량을 보존하려면 지구의 자전 속도($v_{earth, rotation}$)가 느려져야 한다. 상대적인 크기, 거리비 등은 실제와 다르다.

지구-달 시스템은 물리적으로 떨어져 있으므로 각운동량 계산은 조금은 복잡해져, 지구의 자전, 달의 자전, 그리고 달의 공전을 모두 고려해야 한다(그림 2-5). 다만 달의 자전에 의한 각운동량은 상대적으로 무시할 수 있으므로 지구의 자전과 달의 공전만 고려해도 크게 문제가 없다. 지구 자전의 경우 지구의 질량과 반지름은 고정되어 있으니 오직 자전 속도만 변수이다. 달의 공전의 경우 달의 질량만 고정되어 있고, 달의 공전 속도와 달의 지구로부터의 거리가 모두 변수이다. 달과 지구 사이에는 만유인력이 작용하므로 달이 지구로부터 멀어지기 위해서는 속도가 빨라져야 한다. 뒤집어 말하면 달의 공전 속도가 빨라지면 달은 지구로부터 멀어진다. 이 경우 거리와 속도가 모두 증가하므로 달의 공전이 갖는 각운동량이 증가한다. 지구-달 시스템의 각운동량이 보존되기 위해서는 지구가 갖는 각운동량이 감소해야 하며, 이 경우 유일한 변수인 지구의 자전 속도가 느려져야 한다. 지구-달 시스템은 달의 공전 속도가 빨라지고, 원심력이 증가하면서 달의 공전 거리가 길어지고, 지구의 자전 속도는 느려지는 쪽으로 변해왔다. 간단히 말해 지구의 하루는 지구로부터 멀어지는 달 때문에 점점 길어지고 있다고 할 수도 있고, 지구-달 시스템의 각운동량은 지구에서 조금씩 달로 옮겨가고 있다고 표현할 수도 있다. 물론 지구의 자전 속도는 달 이외에도 여러 영향을 받는다. 이는 지구-달 시스템의 각운동량 보존만 고려하여 단순화한 경우이다.

위 설명은 '달의 공전 속도가 빨라지면'에서 출발했다. 그럼 왜 달의 공전 속도가 빨라질까? 아이러니하게도 이 역시 달 때문이다. 잘 알려진 것처럼 달의 중력은 지구의 바다에 조석을 일으킨다. 달의 중력과 지구-달 시스템의 공전에 의해 지구의 바닷물은 달을 향한 쪽과 반대쪽이 부풀어 오르고 90도가 되는 양쪽은 내려가는 럭비공 모양이 된다. 이러한 현상을 조석 팽창, 튀어나온 부분을 조석 팽창체tidal bulge(그림 2-6 위)라고 한다. 이 럭비공 모양은 달을 따라 돌기 때문에 약 한 달의 주기를 갖고 회전한다. 하지만 고체지구는 24시간에 한 번씩 자전한다. 지구는 천천히 돌고 있는 럭비공 모양의 물속에서 빠르게 돌고 있는 공이다. 따라서 지구상의 한 지점은 약 12시간마다 물이 부풀어 오른 곳을 통과한다. 대략 하루에 두 번 만조와 간조가 반복되는 이유이다. 액체지구 즉 바다와 고체지

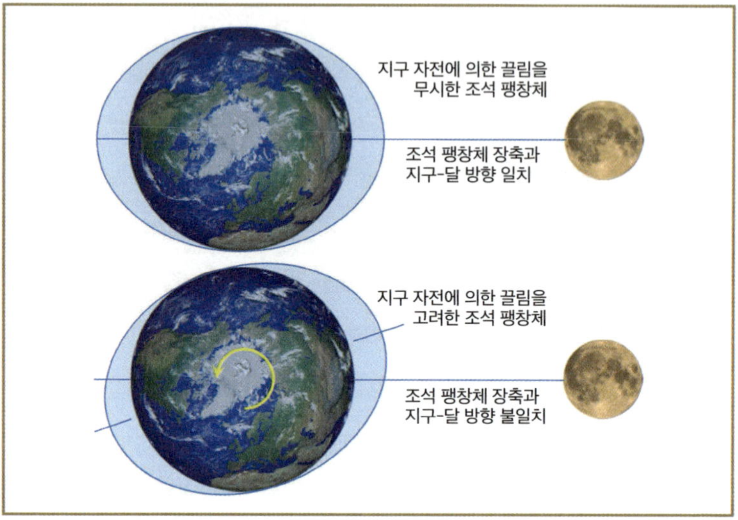

그림 2-6. **조석 팽창체를 설명하기 위한 모식도**

조석 팽창체는 달을 향한 방향으로 늘어난 타원체 모양이다(위). 고체지구는 조석 팽창체 모양의 바다를 24시간에 한 번씩 도는 셈이다. 이로 인해 바닷물도 지구 자전 방향으로 조금 끌려 나온 모양을 하게 된다(아래). 이해를 돕기 위해 과장해서 그린 것이다.

구가 완전히 독립적으로 움직일 수는 없다. 고체지구가 회전하면 당연히 액체지구도 함께 움직이므로 부풀어 오른 럭비공 모양의 장축이 달을 향한 선과 일치하는 것이 아니라 빠른 지구 자전 때문에 조금 앞서 있는 모양이 된다(그림 2-6 아래). 달의 입장에서는 앞으로 튀어나온 바닷물이 달을 공전 방향으로 잡아당기는 효과가 있게 되어 속도가 빨라지게 되고, 지구의 입장에서는 튀어나온 바닷물을 달이 뒤로 잡아당기므로 자전 속도가 느려지게 된다. 달이 지금보다 훨씬 가까웠던 초창기에는 럭비공이 늘어난 정도도 훨씬 크고, 속도 변화도 더 빨랐을 것이다. 이러한 과정을 통해 지구에서 달로 지구-달 시스템의 각운동량이 점차 옮겨가면서 지구의 자전 속도, 달의 공전 속도, 달과 지구의 거리가 결정되어 왔다.

그렇다면 시간을 거꾸로 돌려서 달로 옮겨가고 있는 각운동량을 지구로 다시 가져오면, 또는 점점 멀어지는 달을 탄생 초기의 위치로 가져오면 지구의 자전은 얼마나 빨라질까? 지구의 자전에 의한 각운동량은 현재 7.1×10^{33}J/s이고 달의 공전이 갖는 각운동량은 현재 2.9×10^{34}J/s이다. 이 둘의 합인 3.6×10^{34}J/s를 모두 지구가 갖는다면 지구는 현재보다 각운동량이 약 5배 증가함을 의미하고, 위에서 살펴본 식에 의해 자전 속도 역시 5배 빨라져야 한다. 즉 지구는 하루가 5시간이 조금 안 될 정도로 빠르게 자전해야 한다. 탄생 초기의 달을 고려해도 이 값은 크게 변하지 않는데, 탄생 초기의 달은 지구에 매우 가까이 위치하기 때문에 지구가 각운동량 대부분을 갖기 때문이다. 지구가 5시간 정도에 한 번씩 자전하는 것이 얼마나 빠른지 다른 행성들과 비교해 보자. 같은 시간에 한 번씩 자전하더라도 행성의 크기가 커지면 표면에서의 선속도는 당연히 증가한다. 그리고 선속도는 행성의 자전축에 수직인 적도에서 가장 크다. 지구의 둘레는 $2\pi R$(혹은 πD)이므로 약 4만 km이다. 따라서 적도에서는 자전 선속도가 4만 km/5시간, 즉 약 시속 8,000km(초속 2,230m)이다. 이는 지구보다 훨씬 큰 천왕성과 해왕성의 적도에서의 선속도(각각 초속 2,680m, 2,590m)와 거의 같다. 천왕성과 해왕성은 지름이 지구의 거의 4배이다. 이러한 계산으로부터 '지구-달 시스템은 매우 빠르게 돈다' 또는 '각운동량이 매우 크다'고 할 수 있다.

지구-달 시스템의 이런 특징은 예전부터 알려졌으며, 한때 지구의 매우 빠른 자전 때문에 지구의 일부가 떨어져 나와 달을 형성했다는 이론까지 등장했다. 이를 분리설fission hypothesis이라고 하며, 생물의 진화론으로 유명한 찰스 다윈Charles Darwin, 1809~1882의 아들인 조지 다윈George Darwin, 1845~1912이 1879년에 처음 주장한 것으로 알려져 있다. 지구가 핵과 맨틀로 분리된 후 녹아 있던 지구의 맨틀 물질이 떨어져 나와 달을 생성했다면 달의 낮은 밀도, 즉 철이 결핍되어 있다는 특징도 설명할 수 있으므로 20세기 중반까지도 일부 학자들의 지지를 받았다. 하지만 실제 이런 일이 일어나려면 초기 지구가 앞서 설명한 것보다도 몇 배는 더 빠른 속도로 자전해야 하므로 물리적으로 불가능한 설정이다.

달의 분리설이 지구-달 시스템의 매우 큰 각운동량 때문에 달이 생성되었다고 해석했다면, 1970년대 일부 과학자들은 지구-달 시스템이 이처럼 큰 각운동량을 가지게 된 원인을 설명할 수 있을까 고민하기 시작했다. 팽이를 빠르게 회전시키기 위해서는 회전 방향으로 옆을 쳐주면 된다. 행성에 다른 소천체가 비스듬하게 충돌하면 유사한 효과를 낼 수 있다. 학자들은 컴퓨터 시뮬레이션을 이용해 화성 크기의 천체가 핵과 맨틀로 분화한 초기 지구와 비스듬히 충돌한다면, 달의 생성과 지구-달 시스템의 각운동량을 설명할 수 있음을 보였다. 이를 거대충돌설giant impact theory이라고 한다. 물론 여기에도 딜레마가 존재한다. 충돌로 떨어져 나온 지구의 맨틀뿐 아니라 충돌하여 산산이 조각난 소천체가 달을 만든 재료가 되므로, 특히 대부분 모델에 의하면 충돌한 소천체가 주재료가 되므로 거대충돌설은 앞서 설명한 달과 지구의 조성의 일치를 설명하기 곤란하다. 여기에 대해서는 6장에서 다시 생각해 보자.

달이 지구에 조석력을 일으키는 것 이상으로 당연히 지구의 중력은 달에 영향을 미친다. 대표적인 결과가 달이 한쪽만 지구를 향하는 동주기 자전이다. 달의 중력에 의해 지구의 바다가 럭비공 모양이 되는 것처럼, 훨씬 강한 지구의 중력은 고체인 달에도 의미있는 정도의 조석 팽창을 일으킨다. 조석 팽창체의 튀어나온 부분이 지구를 향한 일직선에서 벗어나게 되면, 즉 달의 자전이 공전보다 빠르면 지구의 중력이 잡아당겨 다시 지구를 향한 일직선에 놓이게 하므로 달의 자전 속도는 서서히 느려져 공전 주기와 같아지게 된다. 이런 현상을 조석 고정tidal locking이라고 한다. 이런 현상은 질량이 큰 천체 주위를 도는 작은 천체에서 일반적으로 일어나는 현상이며 달만의 특징은 아니다. 목성의 위성 대부분이 목성에 의해 조석 고정되어 동주기 자전을 하고 있으며, 질량차가 크지 않은 명왕성-카론 시스템의 경우 둘 다 상대의 조석력에 고정되어 같은 면만을 서로 바라보면서 돌고 있다. 태양계의 경우에는 완전한 동주기 자전을 하는 행성은 없지만, 외계 항성-행성계에서는 비교적 흔하다. 행성이 태양계보다 항성에 가깝게 위치한 경우가 많기 때문이다. 태양에 가장 가까운 수성의 경우 지구 시간으로 자전 주기가 88일, 공전 주기가 59일이다. 이 둘의 비가 3:2 정수비를 이루므로 수성은 88일 동안 낮, 88일 동안은 밤이 지속되어 낮과 밤의 온도 일교차가 무려 650°C에 달한다. 만약 지구가 태양에 대해 달처럼 동주기 자전을 했거나 수성처럼 공전과 정수비를 이루는 느린 자전을 했다면, 지구의 반쪽은 계속해서 낮이 다른 반쪽은 밤이 유지되거나, 하루의 길이가 매우 길어져서 생명체가 살기 적합하지 않은 행성이 되었을 것이다. 참고로 금성의 경우 자전축이 뒤집혀 있으며 매우 느리게 자전하여 자전 주기가 지구 시간으로 무려 243일로 공전 주기(225일)보다도 길다. 하지만 이는 태양의 중력에 의한 조석 고정 때문이 아니라 금성에 일어난 거대한 충돌에 의해 자전축이 반대로 돌아가고 각운동량을 잃어버려 천천히 자전하게 된 것으로 해석한다. 천왕성의 경우도 마찬가지이다.

달이 없는 지구?

달이 지구에 미치는 영향을 가장 직관적으로 이해하는 방법 중 하나는 달이 없는 지구를 상상해 보는 것이 아닐까 한다. 만약 현 상태에서 달이 없어진다면 지구에는 어떤 일이 일어날까? 일단 밤하늘이 어두워질 것이고 별은 훨씬 더 잘 보일 것이다. 당연히 일식과 월식은 없다. 태양에 의한 조석력만 작용하므로 조석 현상이 단순해지고 약해지며, 썰물 때 드넓게 드러나던 우리나라 서해안과 같은 갯벌은 점차 줄어들 것이다. 그 결과 조간대의 생물들은 큰 영향을 받을 것이다. 조간대의 생물이 아니라도 달의 위상 변화에 생체주기를 맞추고 있는 생물들은 모두 크고 작은 영향을 받게 될 것이다. 바다의 흐름, 즉 해류는 대기의 순환과 함께 지구의 에너지 분배에 매우 중요한 역할을 담당하고 있다. 적도 지방의 잉여 열에너지가 중위도와 극지방에 전달되는 효율에 따라 지구의 기후는 출렁일 수 있다. 조석은 해류의 움직임에 커다란 영향을 미친다. 그러므로 달이 없는 지구에서의 해류의 움직임은 지금과 달라지며, 이는 지금과는 다른 기후 변화로 이어질 것이다.

이런 정도의 영향은 앞으로 살펴볼 내용에 비하면 낭만적이다. 우리가 계절을 갖는 이유는 지구가 자전축이 23.5도 기울어진 채 공전하기 때문이다. 자전축의 기울기에 따라 햇빛을 많고 적게 받는 위치가 달라진다. 북반구 또는 남반구 각각의 위치를 기준으로 자전축이 태양을 향해 기울어진 상태가 여름이며 태양에서 먼 쪽을 향한 상태가 겨울이다. 자전축의 기울기가 작아진다면, 즉 지구가 점점 수직으로 서서 태양 주위를 공전한다면 계절 변화가 희미해져서 적도는 항상 덥고 극지방은 항상 추운 날씨가 유지될 것이다. 반대로 기울기가 점점 더 커진다면, 극지방은 점점 더워지고 적도는 점점 추워지며 여름과 겨울의 온도차가 훨씬 커질 것이다. 만약 자전축 기울기가 요동친다면 전 지구적으로 예측 불가능한 이상 기후가 일어날 것이다. 태양계의 8개 행성을 포함한 천체들은 태양 주위를 돌면서 서로 영향을 주고받으며, 이로 인해 행성의 자전축 기울기 역시 변할 수 있다. 실제 지구 자전축 기울기는 긴 시간에 걸쳐 22.1도에서 24.5도 사이에서 변화하며, 빙하기와 간빙기와 같은 큰 규모의 지구 기후 변화가 이런 현상과 관련이 있을 것이다. 화성은 현재 자전축이 25.2도 기울어져 있어 지구와 크게 다르지 않지만 기울기의 변화가 훨씬 더 크다. 지구 자전축 기울기가 상대적으로 안정적인 이유는 행성에 비해 상대적으로 큰 위성인 달이 주위를 돌면서 기울기가 변하는 영향을 최소화하기 때문이다. 따라서 달이 사라진다면 지구의 자전축은 지금보다 심하게 요동칠 것이고 이는 매우 불안정한 기후 변화로 이어질 것이다. 달이 없는 지구는 결코 생명체에게 호의적이지 않을 것이다.

점점 멀어지고 있는 달은 결국 지구를 떠나게 될까? 지금의 속도로 계속 멀어진다고 해도 10억 년 뒤 지구-달 거리는 422,000km이고 50억 년 후에도 574,000km 정도이므로, 아마 지구 종말까지 달은 지구와 함께할 것이다. 달이 없는 지구는 달이 지구에 미치는 영향을 살펴보기 위한 상상일 뿐 걱정할 문제는 아니다. 달은 지구와 떼려야 뗄 수 없는 관계이다.

역사에는 가정이 없다고 하지만 좀 더 과감하게 상상해 보자. 달이 처음부터 없었다면 지구는 지금과 어떻게 달라졌을까? 정확한 답을 적는 것은 불가능할 테지만 몇 가지는 상상해 볼 수 있다. 당연히 앞서 살펴보았던 달이 사라지면 일어날 모든 일이 지구 탄생 초기부터 일어난다. 달을 만든 충돌이 지구의 자전 속도를 높인 후 달이 멀어지면서 다시 느리게 만든 것이므로 자전 속도는 지금과 크게 다르지 않았을 수도 있다. 달에 의한 조석이 처음부터 존재하지 않으므로 조석이 제공하는 모든 현상이 없거나 미약했을 것이고, 지구의 자전축은 처음부터 불안정했을 것이다. 이런 상태로 45억 년을 보낸 지구가 지금과 구체적으로 어떻게 다를지 상상하기는 매우 어렵다. 그러나 분명히 달의 부재는 생명체의 탄생과 진화 과정에 적지 않은 영향을 끼쳤을 것이다.

현재 학계의 폭넓은 지지를 받는 이론인 거대충돌설에 의해 달이 탄생했다면, 달이 없는 지구는 초기에 거대충돌이 일어나지 않은 지구를 의미한다. 지금까지 이어진 지구 표면의 변화의 시초는 달을 만든 거대충돌이다(6장 참조). 달을 만든 거대충돌이 없었다면 시초의 모습이 달랐을 것이고 그 이후 변해 온 지구의 모습도 또한 지금과는 달랐을 것이다. 지구의 자전축이 23.5도 기울어진 것 역시 거대충돌의 영향일 수 있으므로 지구는 거의 수직으로 서서 자전하고 있을 수도 있고, 기울기가 매우 불안정한 자전축을 가졌을 수도 있다. 일부 학자들은 지구의 판구조 운동의 시작도 달을 만든 충돌과 관련이 있다고 주장하기도 한다.

물과 에너지는 생명체의 탄생뿐 아니라 진화에도 필수적이다. 잘 알려진 것처럼 지구 표면에는 비교적 진화 초창기에 바다가 형성되었다. 바다에서 생명체 탄생에 필요한 에너지를 제공할 수 있는 곳으로는 중앙해령을 포함한 해저 화산지대와 끊임없이 물이 드나들며 태양열이 전달될 수 있는 조간대가 대표적이다. 달이 없었다면 이 두 곳 중 하나인 조간대의 변화가 매우 약해진다는 것이므로 지구 생명체의 탄생에도 당연히 영향을 주었을 것이다.

특별한 위성들

이 장의 제목이 마침 '달은 특별하다'이니 달이 가지고 있는 '특별한' 기록들을 한번 나열해 보자. 먼저 달은 지구의 유일한 자연위성이며 태양에 가장 가까운 위성이다. 인류가 탐사한 지구 밖 최초의 천체이며, 지금까지는 유일한 천체이다. 또한 달은 남극-에이트켄분지라는 태양계에서 가장 큰 충돌구를 보유하고 있다(4장 참조). 달은 행성 대비 가장 큰 위성이며, 모행성에서 보는 겉보기 지름도 가장 크다. 달은 목성의 위성인 이오 다음으로 밀도가 큰 위성이다. 세 번째로 밀도가 큰 유로파Europa까지, 세 위성만이 밀도가 $3g/cm^3$를 넘는다. 달은 태양계 전체 위성 중에서 크기로도, 질량으로도 다섯 번째이다.

앞에서도 간단히 언급했지만 달 이외에도 태양계에는 눈에 띄는 특별한 위성이 여럿 있다. 먼저 태양계 위성 중 가장 크고 가장 무거운 목성의 가니메데이다. 가니메데는 어떤 왜행성보다도 크고 무거우며 행성인 수성보다도 크다. 밀도가 가장 높은 위성은 목성의 이오이다. 이오는 표면에서 충돌구를 찾아볼 수 없어 충돌구 밀도는 가장 낮은 위성이기도 하다. 반대로 칼리스토는 충돌구 밀도가 가장 높은 위성이다. 이로부터 이오의 표면이 가장 젊고 칼리스토의 표면이 가장 오래되었을 것으로 추정할 수 있다. 여러 번 언급한 것처럼 엔셀라두스는 반사율이 가장 높은 위성이다.

지구의 달은 매우 건조한 위성이지만, 태양계에는 물(+얼음)을 가진 위성이 많다. 지구의 물(+얼음)의 총량은 지구 질량의 0.02%인 약 1.4×10^{21}kg으로 추정한다. 맨틀에 포함된 물OH까지 포함하면 최대 두 배 가까이 늘어날 수도 있다. 지구는 표면에 액체 상태의 물이 존재하는 아마도 태양계 유일한 천체이다. 하지만 태양계의 다른 천체들 역시 물을 가지고 있다. 다만 표면에서는 얼음으로 존재하며, 내부에 액체 상태의 물을 가지고 있어 아직 액체 상태의 물이 직접 관찰된 적은 없다. 추정치를 기준으로 목성의 가니메데가 가장 많은 물(+얼음)을 가지고 있는데, 이는 지구보다 무려 30배 더 많은 양이다. 이 외에도 타이탄, 칼리스토, 해왕성의 트리톤Triton 등이 지구보다 많은 물(+얼음)을 가지고 있을 것으로 추정된다. 아마도 지구의 달이 가장 건조한 위성이다.

3장

인류는 왜 달에 갔을까?

1969년 7월 인류는 처음 달에 갔다(그림 3-1). 달을 밟은 첫 인류가 된 아폴로 11호의 닐 암스트롱Neil Alden Armstrong, 1930~2012 선장은 "That's one small step for a man, one giant leap for mankind(개인의 이 작은 발걸음이 인류에게는 거대한 도약이다)."라는 유명한 말을 남겼다. 당시 녹음된 파일을 들어보면 'for man'으로 들리기 때문에 암스트롱 선장이 'for a man'이라고 했느냐 아니면 문법적으로 잘못된 'for man'이라고 (어떤 의도를 가지고) 말했느냐까지도 화제가 될 정도로 아폴로 11호에 관련된 크고 작은 모든 일이 주목을 끌었다. 어찌 되었건 아폴로 11호 우주인이 달에 첫발을 디딘 것은 인류사에서도 엄청난 의미가 있는 일이기도 하고, 우주 탐사의 새로운 장을 연 일대 사건이다. 앞서 살펴본 그리고 4장부터 좀 더 자세히 살펴볼 우리가 알고 있는 달에 관한 과학적 사실과 이론은 대부분 아폴로 프로그램과 그 후에 이어진 달 탐사와 연구결과이다. 인류

그림 3-1. 아폴로 11호와 달 표면의 우주인

아폴로 11호를 실은 새턴 5호(Saturn V) 로켓의 발사 장면(왼쪽). 닐 암스트롱 선장이 촬영한 달 착륙선 조종사인 에드윈 올드린(Edwin E. Aldrin Jr)이 달 표면에서 활동하는 모습(오른쪽). Image credit: NASA.

는 왜 달에 갔을까? 무엇을 얻고자 했고 무엇을 알게 되었을까? 달 탐사의 기록과 함께 살펴보자.

20세기 달 탐사 경쟁

20세기 초중반 전 세계를 비극 속으로 몰아넣은 여러 크고 작은 전쟁은 인류에게 커다란 상처를 남겼지만 아이러니하게도 과학기술의 발전을 가져온 것도 부인할 수 없다. 특히 우주 탐사선을 지구 밖으로 보내기 위해 필수적인 로켓 기술은 제2차 세계 대전을 전후로 빠르게 발전했다. 우리에게는 너무나 불행한 역사인 한국전쟁(6.25 전쟁)이 끝난 뒤 세계는 미국과 소련 두 초거대 강국이 과학, 기술, 경제, 군사 등 국력을 과시할 수 있는 모든 면에서 경쟁하는 소위 냉전cold war 시대로 돌입했다. 여기에 우주 탐사도 예외는 아니었다. 우주 탐사는 가장 대표적인 경쟁 지대였으며 달은 눈앞에 보이는 화려한 피니시 라인finish line이었다. 아폴로 프로그램으로 대표되는 20세기 달 탐사가 이처럼 과학적인 목적보다는 정치적인 목적을 우선해서 출발했다고 할 수도 있지만, 17호까지 이어진 아폴로 프로그램과 이를 전후한 다양한 달 탐사는 실로 놀라운 과학 기술적 성취로 이어졌다.

성공한 탐사 임무만이 의미 있는 것은 결코 아니다. 모든 연구가 그러하지만, 우주 탐사와 같이 변수가 많고 과학 기술적으로 어렵고 복잡한 탐사 임무는 실패 역시 성공을 향한 과정 중 하나이다. 따라서 실패한 임무 역시 결코 과소평가해서는 안 된다. 다만 수많은 달 탐사 프로그램을 모두 소개하기엔 지면이 벅차므로 성공한 탐사 임무 위주로 소개하려 한다. 또한 달 탐사가 가능했던 이유는 그 이전부터 이어진 다양한 우주 탐사 및 개발 프로그램의 성공과 실패가 있었기 때문이지만, 이 역시 지면을 핑계로 달과 직접 관련된 임무만을 중심으로 소개하기로 한다. 설명을 위해 자주 사용될 우주, 우주발사체, 우주 탐사 방식 등 관련된 용어에 대한 간단한 설명은 따로 『읽어보기 3-1』에 정리했다.

우리나라의 나로호와 누리호의 도전 과정에서 볼 수 있는 것처럼 지구 밖으로 나가기 위해서는 우주발사체의 개발이 선행되어야 한다. 지구의 중력을 이겨 내고 탐사선을 우주로 보내는 강력한 로

읽어보기 3-1.

우주, 우주발사체, 우주 탐사

우주의 의미는 영어로 'space'와 'universe'로 구분할 수 있다. 'universe'란 우리가 알고 있는 모든 시공간을 의미한다. 빅뱅(Big Bang)에 의해 138억 년 전에 탄생한 우주는 'universe'이다. 지구 역시 우주(universe)의 일부이다. 반면 우주 탐사(space exploration)에서의 우주(space)는 지구 대기권 밖을 의미하며, 지구는 포함하지 않는다. 여기서의 대기권이란 흔히 카르만 선(Kármán line)이라고 하는 해수면 상공 100km까지를 의미한다. 대부분의 기상 현상은 이 높이 이하에서 일어나지만 지구 대기는 사실 1만 km까지도 이어진다. 따라서 100km 높이로 대기권을 자르는 것은 편의상의 분류일 뿐이지만, 공기가 희박해 항공기는 이 높이에서 날지 못하며 고고도 풍선(high-altitude balloon)도 도달하지 못한다. 이런 의미에서 우주인이란 해수면 기준 100km 이상 높이로 올라간 사람을 의미한다. 참고로 국제우주정거장(International Space Station)이 지구를 돌고 있는 고도는 약 400km 상공이다. 또한 반드시 그런 것은 아니지만 우주(space)란 현재는 아니라도 미래에 유인 또는 무인 우주선(space craft)을 보내 탐사가 가능할 정도로 가까운 곳에 대해 주로 사용된다. 따라서 달과 태양계를 다루는 이 책에서의 우주는 대부분 'space'를 의미한다. 우주선의 조종사 또는 승무원을 우주 비행사(astronaut)라고 하기도 하며 단순히 우주인이라고도 한다. 과거에는 우주선의 조정과 탐사 프로그램을 위해 훈련받은 전문인만이 우주로 나갔으므로 우주 비행사와 우주인 구분이 의미가 없었지만, 우주 관광이 생기면서 용어를 정비할 필요가 생긴 것 같다.

우주발사체(launch vehicle)란 지구의 중력을 이기고 우주 공간(outer space 또는 단순히 space)으로 탑재체(payload)를 보내는 로켓(rocket)을 의미한다. 탑재체는 지구 궤도를 도는 인공위성이 될 수도 있고, 지구 중력을 벗어나는 유무인 우주선이 될 수도 있다. 우주발사체의 로켓은 현재 액체 연료를 사용하는 것이 일반적이지만 고체연료를 사용하기도 한다. 탑재체가 무거워질수록 당연히 더욱 강력한 출력의 우주발사체가 필요하며, 일반적으로 유인 탑재체는 생명 유지에 필요한 장비 때문에 무게가 크게 증가한다. 아폴로 프로그램에 사용된 새턴 5호(Saturn V) 우주발사체의 경우 전체 높이가 110m에 달하며, 무려 3,000톤의 무게를 가졌다. 이 중 90% 이상이 액체 연료와 산화제의 무게이며, 실제 달 또는 달 궤도로 가는 부분, 즉 탑재체는 50톤에 불과했다고 한다.

우주선을 이용해 달을 포함한 위성, 행성, 소행성 등 태양계 천체를 탐사하는 방식은 근접통과(flyby), 궤도(orbital), 착륙(landed), 로봇(robotic), 유인(human), 시료회수(sample return) 탐사 임무 등으로 다양하게 구분할 수 있다. 근접통과란 말 그대로 우주선이 탐사 대상 천체를 비교적 가깝게 스쳐 지나가면서 관찰하는 것으로 달의 뒷면을 처음 촬영한 소련의 루나 3호가 예이다. 궤도 탐사선은 인공위성이 되어 천체의 주위를 공전하면서 원격탐사를 수행하는 것이다. 우리나라의 달 탐사선 다누리호도 궤도 탐사선이다. 착륙 탐사 임무는 고체 천체의 표면에 착륙해 탐사를 수행하는 것이다. 유인 또는 무인이 모두 가능하다. 로봇 탐사 임무의 대표적 예는 착륙선에 싣고 간 로봇이 돌아다니면서 표면을 탐사하는 방법이다. 최근 화성 탐사에 이런 방법을 많이 사용하고 있다. 유인 탐사는 사람이 탐사선을 타고 가서 임무를 수행하는 방법이며 아폴로 11호 등이 대표적이다. 시료회수임무는 탐사 대상 천체의 시료를 채취해 지구로 가져오는 것을 말한다. 아폴로 우주인이 가져온 달 표면 암석과 토양을 가져온 것이나, 최근 진행되었거나 진행 중인 다양한 소행성 시료 채취 및 회수 프로그램이 여기에 해당한다.

켓은 대륙 간 탄도미사일intercontinental balastic missile, ICBM의 발사체와 사실상 같다. 따라서 어찌 보면 초창기 우주 탐사란 서로를 겨냥한 미소 두 초강대국의 무기 경쟁의 포장이라고도 볼 수도 있으며, 경쟁 초기 소련이 이 경쟁에서 앞서 나가자 미국이 우주 탐사에서 선두자리를 빼앗겼다는 것 이상의 거대한 충격에 휩싸인 것은 너무도 당연하다.

1957년 10월 소련은 지구 최초의 인공위성으로 기록된 스푸트니크Sputnik를 성공시키고, 약 한 달 뒤에는 라이카Laika라고 불리는 개를 태운 인공위성 스푸트니크 2호를 궤도에 올려놓는다. 스페이스독Spacedog으로도 불리는 라이카는 인간이 지구 대기권 밖으로 내보낸 최초의 생명체이다. 가슴 아픈 이야기지만 라이카는 발사 5~7시간 후 지구 궤도를 돌던 중 캡슐의 내부 과열로 사망하며, 처음부터 귀환 계획이 없던 스푸트니크 2호는 지구 대기 재진입 과정에서 소멸한다. 라이카가 흔히 알려진 이름이지만 사실 이는 품종명이며 진짜 이름은 '작은 곱슬이'란 뜻의 러시아어 쿠드랍카Кудрявка라고 한다. 모스코바 거리에서 발견한 유기견으로 당시 3살 정도로 추정되는 암컷이라고 하며, 유기견을 택한 이유는 힘든 과정을 아마 더 잘 견딜 것으로 생각했기 때문이라고 알려졌다. 소련의 폐쇄성으로 라이카의 죽음에 관한 자세한 내용은 소련 붕괴 후에야 뒤늦게 세상에 알려졌으며, 한동안 사회적인 이슈가 되어 추모와 러시아 당국에 대한 항의로 이어지기도 했다. 지구로 돌아오지 못한 라이카지만, 뒤이은 유인 발사체의 생명 유지 장치 설계에 필요한 중요한 자료를 제공했다고 한다. 라이카는 나중에 미국에서 만들어진 SF 영화에서는 살아 있는 모습으로 등장하기도 한다.

연이은 소련의 성공에 당황한 미국은 우주 탐사의 국가적 역량을 결집하기 위해 1958년 미국항공우주국National Aeronautics and Space Administration, NASA을 설립한다. 이후 달에 가기 위한 미소의 경쟁이

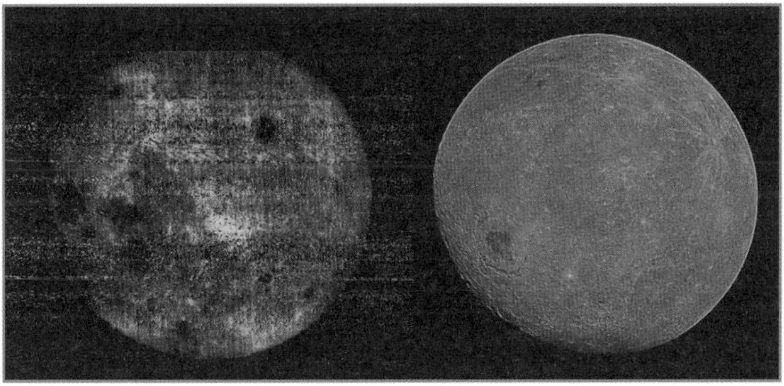

그림 3-2. **달의 뒷면 사진**
루나 3호가 1959년 촬영한 최초의 달의 뒷면 사진(왼쪽)과 가장 최근 사진 중 하나인 2023년 아르테미스 1호가 촬영한 사진(오른쪽). 과학 기술의 발전으로 60년 이상의 시차가 있는 두 사진의 선명도에는 엄청난 차이가 있지만, 첫 영상의 가치가 결코 저평가되어서는 안 된다. Image credit: NASA.

1959년부터 1976년까지 20년 가까운 기간 동안 숨돌릴 틈 없이 이어진다. 이토록 치열한 경쟁이 아니었다면 이처럼 짧은 기간에 수행하기에 너무 많고 어려운 시도였으며, 이루기에 불가능해 보이는 업적이다. 달에 도달한 첫 번째 기록 역시 소련이 1959년 9월에 세운다. 당시 기술로는 탐사선의 속도를 제어해 안전하게 표면에 도달하게 하는 연착륙soft landing은 불가능했으므로 소련은 루나 2호를 달 표면에 충돌시키는 경착륙hard landing을 시도했다. 같은 해 10월에는 루나 3호가 달을 지나쳐 날아가는 근접비행으로 달의 뒷면 촬영에 성공한다. 인류는 이때 처음 달의 뒷면을 보았다(그림 3-2). 1961년에는 소련에서 인류 최초의 우주인이 탄생한다. 유리 가가린Yuri Gagarin, 1934~1968은 보스토크Vostok 1호를 타고 우주 공간으로 나가 108분에 걸쳐 지구 궤도를 한 바퀴 돌고 다시 지구 표면으로 안전하게 돌아온다. 연이은 인공위성과 루나 프로그램의 성공은 미국을 더욱 긴장시키고 "우리는 달에 가기로 했습니다We choose to go to the Moon."라는 케네디John F. Kennedy, 1917~1963 당시 미국 대통령의 유명한 연설을 기점으로 유인 달 탐사/착륙 프로그램인 아폴로Apollo 프로그램이 시작된다.

1964년부터 미국의 레인저Ranger 7, 8, 9호가 연달아 달 경착륙에 성공하지만, 한발 앞서 있던 소련은 루나 9호와 10호로 첫 달 착륙 및 첫 달 궤도 비행의 기록을 세운다. 계속 뒤쫓던 미국은 1966년 서베이어Surveyor 1호로 첫 달 착륙에 성공한다. 소련의 존드Zond 5호는 1968년 달 가까이 다녀온 후 지구로 안전하게 다시 돌아온 첫 귀환선이 된다. 존드 5호는 육지거북 등 생명체를 태우고 다녀왔으므로 이에 관련된 최초의 기록 역시 소련이 가져간다. 같은 해 미국은 아폴로 8호로 사람을 태우고 달 궤도를 돌고 오는 데 성공하면서 본격적인 아폴로 프로그램의 시대를 연다. 아폴로 9호는 달 착륙선lunar module 등 최종 장비를 지구 궤도에서 테스트했고, 10호는 달 궤도에서 마지막 테스트를 진행한 최종 리허설이었다.

아폴로 프로그램: 달에 간 인류

1969년 7월에는 드디어 아폴로 11호가 달에 착륙해 임무를 수행하고 무사히 지구로 귀환하는 9일간의 경이로운 여정에 성공한다. 반면 초창기 우주 탐사에서 미국에 앞서던 소련은 사람을 달에 보내지는 않고 루나 16호로 첫 무인 탐사선을 이용한 달 시료 채취에 성공한다. 엄청난 비용이 드는 아폴로 프로그램은 1972년 말 아폴로 17호를 마지막으로 종료된다. 미국은 유인 프로그램인 아폴로 11호부터 17호까지 총 7번에 걸쳐 달 착륙을 시도했고, 그중 13호를 제외하고 6번을 성공시켜 12명의 우주인이 달을 밟는다. 아폴로 13호는 달로 다가가던 중 기계선service module의 산소탱크가 폭발하는 큰 사고가 일어났다. 승무원 생존을 위해 생명 유지 장치가 온전한 달 착륙선으로 이동해야 했고 달 착륙은 포기해야 했다. 큰 사고에도 불구하고 달을 한 바퀴 돈 후 지구로 무사히 귀환했다. 달에 착륙하는 탐사 임무 달성에는 실패했지만, 아폴로 13호의 극적인 이야기는 1995년 톰 행크스Tom Hanks가 선장인 짐 러벨James Arthur Lovell Jr.을 연기한 영화로도 만들어졌다.

아폴로 우주인은 달 암석(월석)과 달 토양 시료 약 382kg을 지구로 가져왔을 뿐 아니라 탄성파 탐사기 등 다양한 과학 장비를 달 표면에 설치하여 과학자들이 달의 표면 및 내부를 연구할 자료를 제공했다. 아폴로 11호는 하루가 채 안 되는 21시간 36분 동안 달 표면에 머물렀지만, 달 체류 시간은 점차 늘어나 17호는 3일 3시간을 달 표면에 머물면서 다양한 활동과 실험을 했다. 아폴로 11호 우주인이 처음 설치한 탄성파 탐사기, 즉 지진계는 약 3주 후 작동이 멈춰 버렸다. 하지만 이 경험을 바탕으로 개량한 12, 14, 15, 16호의 지진계는 1977년 9월 프로그램이 종료될 때까지 지구로 달 지진Moonquake(읽어보기 3-2)의 기록을 보내왔다. 이 외에도 아폴로 우주인들은 달에 대기가 없는 점을 이용해 태양풍solar winds을 관측하기도

읽어보기 3-2.

달의 지진? 월진?

우리가 사용하는 모든 지구과학 용어는 당연히 지구의 특징 또는 지구에서 일어난 일을 기준으로 만들어졌다. 예를 들어 땅이 흔들리는 현상을 지진(地震, earthquake)이라고 부른다. 그럼 달의 땅이 흔들리는 현상은 뭐라고 불러야 할까? 필자의 개인적인 의견은 달의 지진이지만, 영어로는 'moonquake'가 사용되고 이를 '월진(月震)'으로 번역해 사용하기도 한다. 그럼 달에서 사용하는 탄성파 탐지기는 지진계가 아니라 월진계라고 불러야 할까? 그리고 화성의 땅이 흔들리는 현상은 '화진(火震)'이라고 불러야 할까? 참고로 영어로 'marsquake'라는 용어도 이미 사용되고 있다. 수성, 금성의 경우에는 어떻게 할까? 지진에서 지(地)는 지구라는 의미보다 땅이라는 의미가 강하므로 달의 지진(또는 달 지진), 화성의 지진, 수성의 지진, 금성의 지진으로 충분하지 않을까 한다. 다른 예로 고체지구의 가장 바깥쪽 껍질을 지각(地殼)이라고 하는데 그럼 달의 경우는 '월각', 화성의 경우에는 '화각'이라고 불러야 할까? 달 지각과 화성 지각이 자연스러운 것 같다. 영어의 경우 지각이 'crust'이므로 자연스럽게 'lunar crust'와 'martian crust'가 된다. 행성과학이 최근 폭발적으로 발전하고 있는 분야 중 하나이다 보니 용어가 정리되는 데 시간이 좀 필요해 보인다. 새로운 용어를 자꾸 만들기보다 달의 지진, 달 지각과 같이 가능한 기존 용어를 활용하는 것이 좋다고 생각하며, 이 책에서는 그렇게 하려고 한다. 달의 지진과 이를 이용한 달의 내부구조 해석 등은 5장에서 설명한다.

하고, 레이저 반사경Laser Ranging Retroreflector을 설치하여 이후 지구와 달 사이 거리를 정밀하게 측정하고 변화를 모니터링할 수 있게 했다. 반사경은 루나 17호와 21호, 아폴로 11, 14, 15호가 설치했으며, 모두 5곳의 반사경으로 달의 표면이 지구의 조석력에 따라 어떻게 변형되는지도 연구할 수 있게 되었다. 단순히 지구에서 쏜 레이저를 반사시키는 역할만 하므로 별도의 동력이 필요하지 않아 지금도 사용 가능한 아폴로 시대의 유일한 장비라고 할 수 있다.

달 표면에서 이루어진 아폴로 우주인의 대표적인 활동은 암석과 토양 시료를 채취하는 것이었으며 어떤 암석을 채취할지 결정하기 위해서는 지질학적 지식이 필요했다. 16호까지는 우주인들이 사전에 간단한 지질 조사 교육과 훈련을 받은 후 지구 관제소를 통해 지질학자의 지시에 따라 암석 채취와 같은 지질 활동을 수행했다. 아폴로 우주인을 위한 지질 조사 훈련 장소 중 대표적인 곳이 미국 애리조나주에 있는 베린저 충돌구Barringer Crater 또는 Meteor Crater이다. 이곳을 택한 이유는 당연히 달 표면이 수많은 충돌구로 뒤덮여 있기 때문이다. 교육을 담당한 대표적인 지질학자로는 유진 슈메이커Eugene Merle Shoemaker, 1928~1997 박사가 있다. 슈메이커 박사는 달 표면에 분포하는 수많은 구덩이가 화산분화구가 아니라 충돌구라고 처음 주장한 학자이며, 최초의 달 지질도 작성을 주도하는 등 당시 최고의 충돌구 및 달 지질 전문가였다. 슈메이커 박사는 직접 달에 가고자 노력하여, 아폴로 우주인 후보로도 선정되었으나 건강 문제로 마지막 단계에서 무산되었다. 평생을 충돌구 및 달 연구 그리고 새로운 혜성 발견을 위해 노력했으며, 호주에서 충돌구 연구를 위해 이동하던 중 교통사고로 사망했다. 그의 연구 열정과 업적을 기리기 위해 유해 일부를 작은 캡슐에 담아 잠시 뒤에 소개할 루나 프로스펙터Lunar prospector에 실어 달에 보낸 것은 유명한 일화이다. 슈메이커 박사가 이루지 못한 꿈, 달을 방문하는 지질학자의 꿈은 아폴로

그림 3-3. **지질학자의 달 표면 탐사**

아폴로 17호 우주인이자 달에 간 유일한 과학자인 해리슨 '잭' 슈미트 박사가 거대한 바위 주변에서 활동하는 모습. 오른쪽에 월면차(Lunar Roving Vehicle)가 보인다. NASA는 이 사진에서 바위를 거대한 쪼개진 달의 바위라고 설명하고 있어, 이 바위는 'Split Rock(쪼개진 암석)'이라고 불리기도 하고, 대중적으로는 'Tracy's Rock(트레이시의 암석)으로 더 잘 알려져 있다. 원본 사진 2장을 합친 것이라 오른쪽 아래가 계단 모양이다. Image credit: NASA.

17호 우주인 잭 슈미트Harrison Hagan "Jack" Schmitt가 이룬다. 잭 슈미트는 아폴로 우주인으로 선정될 당시 이미 지질학 박사였으며 처음이자 현재로는 유일하게 달에 다녀온 과학자이다. 슈미트 박사는 1976년 뉴멕시코주를 대표하는 상원의원으로 선출되어 의회 활동을 하기도 했다. 슈미트 박사는 달의 헬륨-3을 핵융합반응에 이용하자는 아이디어의 신봉자이기도 하다(7장 참조). 슈미트 박사가 거대한 바위 주변을 조사하는 모습은 아폴로 우주인의 활동을 담은 유명한 사진 중 하나이다(그림 3-3). 암석은 둘로 쪼개져 있고 슈미트 박사와 가까운 조각 부분 중앙 약간 아래쪽을 자세히 보면 시료를 채취한 흔적이 보인다. 아폴로 12호 우주인 알란 빈Alan Bean, 1932~2018은

NASA를 떠난 후 화가로 활동했으며, 그림 3-3을 화폭에 담는다. 알란은 17호 우주인들이 시료를 채취한 흔적 옆에 그의 딸 트레이시의 이름을 새겨 넣는데, 이 때문에 이 암석은 대중적으로는 '트레이시의 암석Tracy's Rock'으로 불린다. 11호부터 17호로 가면서 촬영한 영상의 품질도 좋아지고 장면도 다양해진다. 잭 슈미트가 달에서 중력 차이에 적응하지 못하고 넘어지는 장면과 "I was strolling on the Moon one day(어느 날 난 달 위를 걷고 있었다네)."라고 익살스럽게 노래 부르며 뛰어다니는 모습의 동영상 역시 매우 유명하며 인터넷에서 쉽게 찾아볼 수 있다. 달에 간 과학자의 주체할 수 없는 즐거움이 고스란히 전해 오는 느낌이다.

당시 소련의 달 탐사 프로그램은 1958년부터 1976년까지 19년 동안 무려 44차례 시도되었으며, 그중 발사에 성공한 임무에만 1호부터 24호까지 루나 명칭이 부여되어 있다. 이 중에서 루나 16호, 20호, 24호는 달에서 성공적인 무인 시료회수임무를 수행하여 총 0.3kg의 달 시료를 지구로 가져왔다. 루나 16호의 성공이 있기 전에 5번의 시료회수임무 시도가 있었다. 4번의 시도는 발사에 실패하여 루나 번호가 부여되지 못했으며, 발사에 성공한 루나 15호는 아폴로 11호와 같은 시기에 성공적으로 달 궤도에 진입했다. 하지만 달 착륙에는 성공하지 못하고 아폴로 11호의 두 우주인이 달을 떠나기 직전 달에 추락했다. 달을 향한 미소의 경쟁이 얼마나 치열했는지는 아폴로 프로그램과 루나 프로그램의 성공 및 실패 목록에서도 드러난다. 1976년 루나 24호를 마지막으로 소련의 루나 프로그램도 종료되고 격렬했던 달 탐사 경쟁은 긴 침묵에 빠져든다. 물론 우주 탐사 전체가 멈춘 것은 아니다. 우주정거장Space station이나 우주왕복선Space Shuttle 프로그램이 있었고, 수성, 목성, 화성 등 다양한 행성 탐사 프로그램 역시 계속 진행되었다. 다만 달에 관한 관심은 식은 것처럼 보인다. 본격적인 달 탐사 프로그램은 약 20년 후 재개된다. 다른 점은 유인 탐사 또는 착륙선 대신 좀 더 저렴한 무인 궤도선을 이용한 탐사에 집중했다는 것이다.

아폴로 프로그램 이후의 달 탐사

미국의 NASA는 1994년 클레멘타인Clementine과 1998년 루나 프로스펙터라는 궤도 탐사선을 달로 보내고, 이 탐사선은 달 주위를 돌면서 그림 3-4와 같은 영상을 만들 자료를 보내온다. 이때부터 궤도 탐사선을 이용한 달에 관한 본격적인 원격탐사remote sensing의 시대가 시작된다. 원격탐사란 물리적 접촉 없이 멀리 떨어진 대상의 정보를 획득하는 기법이다. 관측하는 특성과 장비에 따라 광학 영상, 적외선 영상, 레이다 영상, 분광 관측, 감마선 관측, 중력 측정, 자력 측정 등 매우 다양하다. 원격탐사의 장점은 먼 거리에서 관측하므로 넓은 지역을 빠르게 조사할 수 있다는 것이다. 물론 원격탐사는 인공위성을 이용하여 지구를 관측하는 데도 폭넓게 활용되고 있다. 원격탐사 덕분에 우리는 지구뿐 아니라 달의 전체적인 모습을 파악하는 것이 가능해졌다. 클레멘타인은 가시광선, 자외선과 적외선 영역 등 다양한 달 영상을 제공했으며, 레이저를 이용하여 달 표

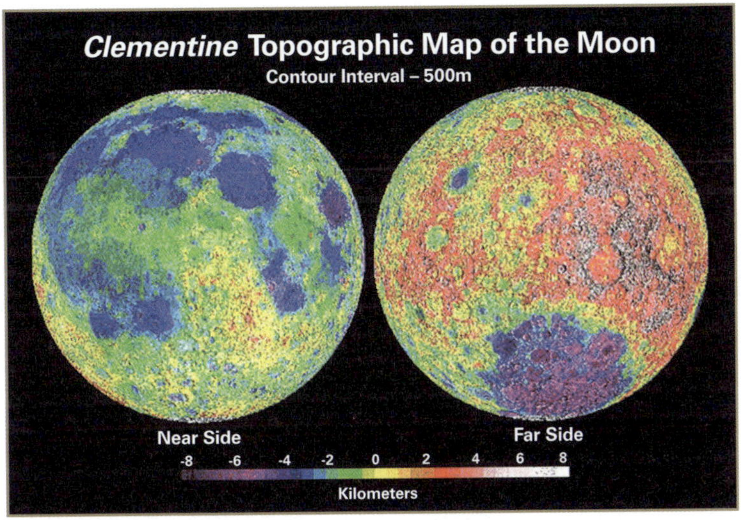

그림 3-4. 달 탐사선 클레멘타인이 획득한 달의 지형도
지형의 높낮이에 따라 흰색과 무지개색(빨주노초파남보)으로 표현한 것이다. Image credit: NASA.

면의 고도를 측정한 최초의 정밀한 달 지형도를 작성했다(그림 3-4). 루나 프로스펙터는 감마선 검출기γ-ray spectrometer, 중성자 검출기neutron spectrometer, 알파입자 검출기α particle spectrometer 등 다양한 방사선을 측정할 수 있는 장비를 장착하여 달 표면 전체의 특정 원소의 함량 분포 지도를 최초로 작성할 수 있었다(4장 참조). 임무를 마친 루나 프로스펙터는 1999년 7월 말 달의 남극 부근에 추락했으며 앞서 언급한 것처럼 유진 슈메이커 박사의 유해 일부를 가져갔기 때문에 슈메이커 박사는 달에 묻힌 최초이자, 2024년 현재까지는 유일한 인류이다.

21세기로 들어와서는 일본, 중국, 인도와 같은 아시아 국가들

이 2007년부터 2008년에 걸쳐 차례로 달 탐사국 목록에 이름을 올린다. 달을 향한 경쟁에 참여하는 국가의 수가 점차 늘어나면서 탐사 주체와 함께 탐사 대상과 탐사 방법도 점점 다양해진다. 일본은 1990년 히텐ひてん, Hiten이라는 이름의 무인 달 탐사선 발사에 성공하지만, 여러 기술적 문제로 탐사 결과를 얻는 데 실패했다. 따라서 2007년 9월 발사된 셀레네SELENE(나중에 카구야(Kaguya)로 이름을 바꿈)가 성공한 첫 달 탐사선이다. 15종의 원격탐사 장비를 이용하여 달을 탐사했으며, 대표적으로 고해상도 카메라HDTV camera를 이용하여 최초로 고해상도 달 표면 동영상 촬영에 성공한다. 2007년 10월에는 중국이 달 궤도 탐사선 창어嫦娥, Chang'e 1호를 보내 달 지형의 3차원 이미지 구축을 포함한 다양한 원격탐사를 수행한다. 인도는 2008년 10월 찬드라얀Chandrayaan 1호를 달로 보낸다. 이 탐사선의 대표적 성과로는 달 표면에서 처음으로 물의 흔적을 검출했다는 것이다(7장 참조). 물론 액체 상태의 물을 발견한 것은 아니고 분광 관측을 통해 달의 토양을 구성하는 광물에 소량 포함된 수산기OH-에 의한 흡수선absorption band을 관측한 것이다. 수산기를 포함한 광물은 가열하면 탈수반응이 일어나 물을 방출한다.

2009년에는 지금도 활동하고 있는 미국 NASA의 LROLunar Reconnaissance Orbiter가 달 궤도를 돌기 시작한다. 정찰대Reconnaissance라는 이름에 걸맞게 이 탐사선의 주요 임무 중 하나는 유인 탐사를 포함한 미래의 달 탐사를 위한 자료를 미리 수집하는 것이다. 예를 들어 유무인 탐사선이 착륙하기 적합한 지형을 조사하고, 활용 가능한 자원의 분포를 확인하는 것이 포함된다. LRO는 100m급 해상도

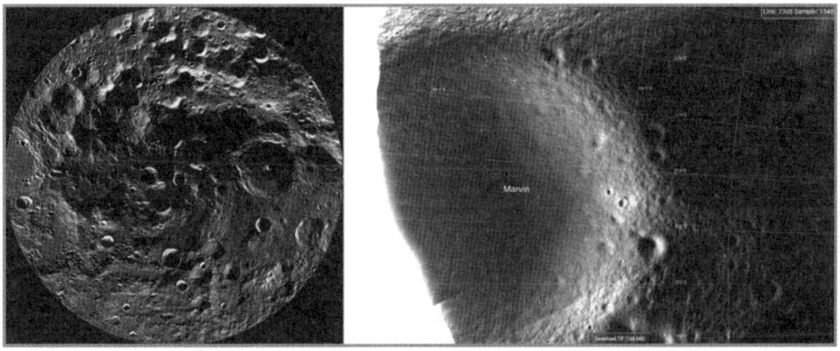

그림 3-5. **달의 남극 사진**

왼쪽은 LRO 영상을 합성한 달의 남극지방 사진이며, 극점에 가까운 충돌구 내부는 태양광이 거의 들지 않아 검게 보인다. 오른쪽은 극점에 가까이 위치한 마빈 충돌구의 매우 어두운 내부를 다누리에 장착된 음영지역카메라로 촬영한 사진이다. 오른쪽 사진의 마빈 충돌구는 왼쪽 사진에서는 거의 작은 점에 가깝다. 두 사진에 사용된 카메라의 해상도가 아니라 감도 차이에 주목해야 한다. Image credit: NASA, NASA/KARI/ARIZONA University.

로 달 전체의 3차원 지도를 만들었으며, 특정 지역에는 초고해상도(0.5m급) 영상을 제공하여 달 표면의 세밀한 모습을 관찰하고 연구하는 데 크게 이바지하고 있다. LRO가 수행한 여러 임무 중에서 가장 중요한 임무는 물(얼음)이 보존되어 있을 것으로 추정되며 NASA가 아르테미스Artemis 프로그램을 통해 우주인을 다시 달에 보내 기지를 건설하려고 하는 극지방을 관찰하는 것이다. 극지방의 충돌구 내부는 햇빛이 들지 않는 영구음영지역permanently shadowed regions이 존재하므로 얼음이 보존되기 최적의 장소이다. 하지만 LRO의 카메라는 극지방 충돌구의 어두운 내부를 볼 수 없으므로 이를 위해 NASA는 아주 작은 양의 빛도 검출할 수 있는 음영지역카메라ShadowCam을 개발하여 우리나라의 다누리Danuri호에 실어 보냈다. 그림 3-5는 LRO의 카메라가 촬영한 달의 남극지역과 다누리의 음영지역카메라가 촬영한 남극점 가까이 위치한 마빈Marvin 충돌구 내부 사진이다. LRO 이미지에서 마빈 충돌구는 완전히 어두워 구분되지 않지만, 음영지역카메라의 영상에서는 내부를 관찰할 수 있다.

2011년 NASA는 GRAILGravity Recovery and Interior Laboratory이라는 달의 중력장을 측정하는 쌍둥이 궤도 탐사선을 보낸다. 두 탐사선에는 서로의 위치를 마이크로미터 정밀도로 측정할 수 있는 초정밀 위치측정기가 장착되어 있었다. 탐사선이 지나는 궤도 아래 지역에 밀도가 다른 암석이 존재하면 중력 차이가 생기고 이는 서로 떨어져 있는 두 탐사선의 위치, 즉 거리에 영향을 준다. 따라서 쌍둥이 궤도 탐사선이 서로의 위치를 정밀하게 측정하는 것은 정밀한 중력계와 같다. GRAIL은 1년 3개월 동안 달을 돌면서 달 전체의 정밀한 중력 이상도gravity anomaly map를 작성하고 이로부터 내부구조를 파악할 정보를 제공했다.

중국의 창어 4호는 2018년 달의 뒷면에 처음 착륙하는 기록을 세운다. 달의 뒷면은 지구와 직접 통신이 불가능하므로 무인 탐사선의 착륙과 같은 고난도 작업을 지구에서 조정할 수가 없었다. 중국은 지구와 달의 중력이 균형을 이루는 라그랑주 점Lagrangian point 근처에 통신 중계 위성을 먼저 보내 지구와 달의 뒷면에 착륙하는 탐사선의 통신을 중계할 수 있도록 했다. 창어 4호가 착륙한 지점은 태양계에서 가장 거대한 충돌구로 알려진 달의 남극-에이트켄분지South Pole-Aitken Basin이다. 2020년 창어 5호는 달 시료를 지구로 가져온다. 루나 24호 이후 무려 약 45년 만이다. 창어 5호의 착륙지점은 폭풍의 대양Oceanus Procellarum으로 불리는 달의 앞면 북서쪽에 위치한 거대한 현무암 지대이며, 창어 5호가 이곳에서 가져온 1.731kg의 시료 일부에서는 달 암석으로서는 매우 젊은 약 12억 년의 생성 연대가 구해졌다. 탐사와 연구가 진행될수록 이전에 볼 수 없던 새로운 결과가 계속 발견된다는 것은 우리가 아직 달에 대해 알아야 할 것이 훨씬 더 많다는 것을 의미한다.

2022년 8월에는 우리나라의 첫 달 탐사선 다누리호가 미국 스페이스엑스SpaceX의 팰컨 9호 로켓에 실려 발사되었고 약 4달의 긴 여정 끝에 달 궤도에 진입했다. 다누리는 음영지역카메라 외에도 고해상도 카메라, 광시야 편광카메라, 감마선 분광기, 자기장 측정기 등 다양한 관측장비를 갖추고 있으며, 최초 예정 기간이었던 1년을 훌쩍 넘겨 활동을 이어가고 있다.

아르테미스 프로그램은 미국 NASA가 아폴로 프로그램 이후 야심 차게 준비한 차세대 유인 달 탐사 프로그램이다. 두 프로그램의 이름은 잘 알려진 것처럼 그리스 신화에서 유래했다. 제우스의 자식인 아폴로와 아르테미스는 쌍둥이 남매로 아폴로는 태양의 신, 아르테미스는 달의 신이다. NASA의 아르테미스 프로그램의 목표는 달 탐사에 그치지 않고 달에 영구 기지를 건설하며 이를 화성 탐사의 전초기지로 사용하겠다는 것이다. 2022년 11월 아르테미스 1호가 성공적으로 달 궤도를 돌고 오는 임무를 마쳤다. 아르테미스 1호는 2호부터 이어질 유인 탐사를 위한 테스트였고, 2호는 달 궤도를 돌고 돌아오며, 3호는 남극점 근처에 착륙할 예정이지만, 그 시기는 조금씩 연기되고 있다. 성공한다면 인류는 반세기 만에 다시 달을 밟게 될 것이다. 4호부터는 본격적인 달 기지 건설에 들어

갈 것으로 보인다.

2024년 기준으로 성공한 달 탐사 임무만 해도 70개가 넘는다. 비슷한 숫자의 달 탐사 프로그램이 가까운 미래 발사를 목표로 추진 또는 계획 중이다. 우리는 달 탐사, 태양계 탐사의 시대를 넘어 달 개척, 태양계 개척의 시대에 살고 있다. 아르테미스 프로그램을 포함한 현재와 미래의 달 탐사에 대해서는 마지막 8장에서 좀 더 자세히 살펴보기로 하자.

달 탐사의 목적과 성과

달에 대한 우리의 지식은 아폴로 프로그램 이후 비약적으로 증대해 아폴로 시대 이전과 이후로 구분할 수 있으며 지금은 두 번째 변곡점을 맞이하고 있는 것으로 보인다. 인류는 어떤 과학적 질문을 가지고 달에 갔었고, 그 결과 어떤 것을 알게 되었을까?

먼저 우리는 달 탐사 이전에는 알지 못했던 달의 뒷면을 볼 수 있게 되었을 뿐 아니라 가시광선 영역 외에 다양한 영역에서의 달의 모습을 알게 되었다. 자료를 모아 달의 지질도가 만들어졌고, 달의 지진 자료와 중력 자료 등으로부터 달의 지각 두께와 핵의 크기도 계산해 냈다. 달에 착륙한 6번의 아폴로 프로그램에 의해 약 382kg의 달 암석과 토양 시료가 지구로 왔다. 3번의 루나 프로그램으로 301g, 최근 중국의 창어 5호가 약 1.7kg을 가져왔다. 그림 3-6은 지금까지 시료회수임무가 수행된 10곳의 달 앞면 착륙지 위치이다. 달 암석의 지질학적·지구화학적 특징이 밝혀지기 시작하자 처음엔 예상하지 못한 부수입이 생겼다. 지구에 떨어진 운석 중에서 달에서 온 운석 즉 달 운석lunar meteorite을 구별할 능력이 생긴 것이다. 운석학자들은 운석 중 일부가 달 암석과 같은 특징을 가지고 있다는 것을 알게 되었다. 남극에서 발견된 ALHA81005(남극의 Allan Hill 지역에서 1981년 발견된 일련번호 005번이란 뜻)을 시작으로 2024년 기준으로 약 600개의 달 운석이 확인되었고 그 질량은 총 1톤을 넘는다. 달 암석과 운석의 특징에 대해서는 4장에서 살펴보겠지만, 여기서 강조하고 싶은 점은 달 운석을 확인함으로써 달을 연구할 수 있는 시료의 종류와 양이 크게 늘어났다는 것이다. 달 운석은 아폴로, 루나, 창어 탐사선이 직접 방문한 10곳(그림 3-6)에서 채취한 것이므로 달 전체를 대표한다고 보기는 어렵다. 운석은 달의 어느 곳에서 떨어져 나왔는지 알기 어렵지만, 개수가 많아지면 달 전체를 대표하는 의미 있는 표본이 될 수 있다. 하지만 지구에 떨어진 후 발견된 것이므로 달과 다른 지구의 환경에 의해 오염되어 직접 가져온 달 암석보다는 시료의 청정도가 당연히 떨어진다. 이 두 표본 그룹과 원격탐사 자료는 상호 보완적으로 달에 대한 정보를 전달해 준다. 달 암석 및 달 운석을 연구하고 다양한 원격탐사 자료와 달의 지진을 측정한 결과, 달에 대한 우리의 지식에는 어떤 변화가 있었을까?

달에 가기 전 인류는 달이 지구처럼 지질학적으로 분화된 천체인지 아니면 생성 당시의 모습을 그대로 간직한 원시적인 천체인지도 몰랐다. 태양계의 고체 천체를 만든 재료는 원반 모양의 태양

그림 3-6. **달 시료회수임무가 성공적으로 이루어진 달의 앞면 착륙지 10곳의 위치**

이곳에서 총 384kg의 토양 및 암석 시료가 지구로 왔다. 바탕 사진은 NASA의 LRO 영상이다. 2024년 6월, 중국의 창어 6호가 처음으로 달 뒷면에서 시료를 가지고 귀환해 시료 채취 위치는 11곳으로, 시료의 총질량은 386kg으로 늘어났다.

계 성운solar nebula에서 만들어진 먼지 크기의 다양한 광물 또는 광물의 집합체이다. 이들이 모여 작은 암석, 소행성, 나아가 행성 크기로 성장한 것이다. 큰 규모의 소행성, 위성, 행성이 되면 내부는 충분한 에너지가 축적되므로 녹게 된다. 마그마가 만들어지면 무거운 철질 마그마는 가라앉고 규산염질 마그마는 떠오른다. 마그마에서 먼저 정출한 광물이 무거우면 아래로 가라앉고 가벼우면 위로 떠 오른다. 이런 과정을 거쳐 행성은 분화한다. 지구의 내핵-외핵-맨틀-지각의 층상 구조가 대표적이다. 천체의 크기가 작으면 마그마를 만들 만큼 에너지가 축적되지 않기 때문에 성운에서 모여든 광물과 광물의 집합체가 그대로 보존된다. 이런 천체를 원시적인 천체라고 한다. 달은 지구보다 작기 때문에 아폴로 우주인이 달에서 암석을 가져오기 전에는 이 둘 중 어떤 경우인지 알지 못했다는 뜻이다. 아폴로 우주인이 가져온 월석은 마그마에서 암석이 정출하여 만들어진 화성암igneous rock이거나 화성암이 소행성 등의 충돌에 의해 부서진 후 다시 뭉쳐진 각력암breccia이다. 달은 지구처럼 분화된 천체이다. 물론 핵과 맨틀의 상대적 크기 등 구체적인 구조는 지구와 다르다(5장 참조).

달의 고지대는 주로 회장암으로, 달의 바다는 주로 현무암으로 이루어져 있다. 회장암은 사장석 중 칼슘이 가장 풍부한 회장석으로 주로 이루어진 암석이다. 고등학교 지구과학 교과서에 등장하는 보웬Norman L. Bowen의 반응계열 중 연속 계열의 칼슘-사장석이 회장석이다. 이 광물은 마그마에서 가장 고온에서 정출하는 광물 중 하나이지만 밀도가 지구나 달의 맨틀에서 만들어지는 마그마에 비해 낮기 때문에 마그마 챔버 위로 떠오른다. 회장석이 달의 지각에서 다량 산출된다는 것은 과거에 달은 적어도 전체 맨틀의 상당 부분이 녹아 있던 마그마의 바다magma ocean 단계를 거쳤고 그때 먼저 정출했지만 가벼워 위로 떠오른 회장석이 달의 지각을 만들었음을 의미한다.

앞서 설명한 달의 조성을 알게 된 것도 달의 표면 암석을 분석하고 여러 물리화학적 정보를 종합한 결과이다. 달 표면에는 지구의 암석에 비해 매우 오래된 암석이 주로 분포한다는 것도 알게 되었으며, 가장 오래된 달 암석의 나이는 약 45억 년이라는 것도 알게 되었다. 참고로 지구에서 발견된 가장 오래된 암석의 나이는 약

40억 년이며, 이보다 오래된 기록은 일부 광물에만 제한적으로 보존되어 있다. 달의 바다와 달의 고지대의 암석이 서로 어떻게 다른지도 알게 되었고 달의 고지대의 암석은 주로 오래되었으며, 달의 바다에 분포하는 현무암의 연령은 대부분 좀 더 젊어 35억 년 전후라는 것도 알게 되었다.

우리가 지금 알고 있는 사실로 달에 생명체가 존재했거나 존재할까 질문하는 것은 어리석은 것처럼 보인다. 그 대표적인 이유는 달은 무척 건조한 천체일 뿐 아니라 사실상 대기가 존재하지 않기 때문이다. 물론 이 역시 달 탐사 결과로 확인하게 된 사실이다. 나아가 건조하고 대기가 없으므로 우주 풍화space weathering로 인해 표면이 매우 미세한 먼지로 덮여 있다는 것도 확인하게 되었다. 건조한 미세 먼지는 우주복을 입은 우주인의 거동조차 불편하게 할 뿐 아니라 다양한 장비의 아주 작은 틈까지 파고들기 때문에 적절한 대비가 없으면 장비의 수명과 안전에도 커다란 영향을 준다. 달 표면의 수많은 구덩이가 크고 작은 충돌에 의한 충돌구라는 것도 확인하게 되었으며, 지구에서는 볼 수 없는 달의 뒷면을 확인하게 되었고, 충돌구와 달의 바다의 분포 등에서 달의 앞면과 뒷면이 비대칭적인 외형을 하고 있으며, 지각의 두께 등 구조 역시 비대칭적이라는 것도 역시 달 탐사 결과 알게 된 사실이다.

이 외에도 수없이 많은 관측 및 연구결과가 쌓였다. 아폴로 프로그램 이전까지 대표적으로 포획설capture hypothesis, 동시생성설co-formation hypothesis, 분리설fission hypothesis 등이 달의 기원을 설명하고자 하는 모델이었지만, 아폴로 달 탐사 이후 거대충돌설giant impact theory이 달의 성인에 관한 대표 이론으로 자리 잡는다. 4장부터는 달에 대해 알게 된 사실을 좀 더 자세히 살펴보기로 하자.

4장

달의 바다와 충돌구

현대인에게 달 표면을 세밀히 들여다보는 것은 더는 특별한 일이 아니다. 미국의 NASA를 포함해 달 탐사를 주도한 기관이나 연구소, 박물관 등에서 제공하는 수많은 달 표면 사진과 동영상을 인터넷 자료를 통해 누구나 쉽게 찾아볼 수 있다. 크고 작은 망원경을 이용해서는 물론, 최근에는 일부 스마트폰 카메라로도 달의 바다와 큰 충돌구는 구분할 수 있을 정도의 사진을 찍을 수 있다(그림 4-1). 영상을 통해 달 표면의 모습을 보는 것 이상의 구체적이고 전문적인 자료로는 아폴로 프로그램과 같이 직접 달 표면을 방문하거나 원격탐사로 얻은 관측 자료가 있고, 달에서 가져온 월석과 달 토양, 달에서 떨어져 나와 지구에 떨어진 달 운석에 대한 정밀한 분석 결과가 존재한다(읽어보기 4-1). 이런 자료로부터 우리는 달의 표면과 내부에 대해 제법 많은 정보를 축적했으며, 달의 생성과 진화에 대해 이해하기 시작했다. 달 표면은 어떤 모습을 하고 있

그림 4-1. **스마트폰 카메라로 찍은 달 사진**

필자가 스마트폰(갤럭시 22 울트라) 카메라로 처음 촬영한 달 사진 중 하나이다(2022년 11월 9일 저녁 7시 28분, 서울). 전문적인 사진처럼 선명하진 않지만, 어두운 달의 여러 바다와 밝게 보이는 거대한 충돌구 정도는 충분히 구분할 수 있다. 아래쪽에 보이는 큰 충돌구는 티코(Tycho) 충돌구이며, 이를 중심으로 사방으로 뻗어 나간 밝은 선이 보인다. 충돌구 생성 당시 분출물의 흔적이다. 이런 흔적이 잘 보일수록 젊은 충돌구이다.

읽어보기 4-1.

달 암석과 달 운석

운석(meteorite)은 태양계 고체 천체(화성, 달, 소행성 등)에서 떨어져 나와 지구 표면에 자연적으로 떨어진 암석이다. 달에서 유래한 암석 중 자연적으로 달에서 떨어져 나와 지구로 들어온 것을 달 운석(Lunar meteorite)이라고 하고, 달에서 유인 또는 무인 시료회수임무를 통해 가져온 암석은 달 암석(Lunar rock)이라고 구분해 부른다. 물론 넓은 의미에서 달 운석 역시 달 암석에 속하지만, 편의상 구분한다. 어떤 특정 운석이 달에서 왔다는 것을 알 수 있게 된 것은 아폴로 우주인이 가져온 달 암석 덕분이다. 달 암석을 분석한 결과 여러 가지로 구분되는 달의 지질학적 특징을 알게 되었고 운석 중에서 같은 특징을 보이는 것들을 달 운석으로 구분할 기준이 생겼다. 물론 달에도 다양한 암석이 있으며, 태양계의 암석질 천체 역시 매우 다양하므로, 달 암석과 운석을 간단히 한두 가지로 구분하거나 정의할 수는 없으며 전문적인 분석과 관찰이 필요하다. 아주 간단하게 구분해 본다면, 우선 달 표면의 암석은 크게, 현무암(basalt), 회장암(anorthosite), 충돌각력암(impact breccia) 세 종류가 대표적이다. 매우 건조한 암석으로 함수광물(hydrous mineral)은 찾아보기 어렵다. 이는 지구의 암석과 뚜렷하게 구분되는 특징이다. 반면 동위원소 조성은 지구의 암석과 구분할 수 없다. 이 외에도 전체 화학조성과 특정 광물의 화학조성 중에서도 달 암석의 특징이 존재한다. 2024년 현재까지 지구로 가져온 달 암석은 약 386kg이며, 지구에서 발견된 달 운석은 약 600점으로 총 질량은 1톤이 넘는다. 우리나라 극지연구소는 2006년부터 거의 매년 남극운석탐사를 수행하고 있으며, 그림 4-2는 우리나라와 이탈리아의 공동 탐사 중 발견한 달 운석이다.

그림 4-2. **극지연구소 남극운석탐사대가 발견한 달 운석**

이탈리아와 공동 탐사 중 발견했으며 Mount Dewitt 12007로 명명되었다. 질량은 약 94그램이며, 어두운 바탕에 좀 더 밝은색의 크고 작은 암석 파편(역)이 포함되어 있는 조직에서 유추할 수 있는 것처럼 이 암석은 충돌각력암이다. 왼쪽은 남극의 청빙(blue ice)에서 발견 직후 찍은 사진, 오른쪽은 실험실에서 찍은 사진. Image credit: 극지연구소(Korea Polar Research Institute).

으며, 가장 눈에 띄는 특징인 달의 바다와 충돌구는 어떤 과정을 통해 생성되었는지, 달의 표면은 어떤 종류의 광물과 암석으로 이루어져 있는지 살펴보자.

달 지형의 특징과 이름

다른 천체에 비해서는 지구에 매우 가깝고 또 크게 보이는 달이지만 지표면에 사는 우리 인류의 입장에서는 매우 멀리(약 38만km) 떨어져 있어 맨눈으로는 밝은 곳과 어두운 곳의 구분 정도만 할 수 있다. 따라서 달 표면의 지형과 지질에 대한 구체적인 관찰은 망원경을 이용하여 달을 관찰하기 시작한 이후부터라고 할 수 있다. 그 첫 번째 기록은 갈릴레이가 망원경을 이용하여 1609년에 달 표면을 관찰하고 특징을 스케치한 것이다(그림 4-3). 맨눈으로는 볼 수 없던 구조, 대표적으로 크레이터crater(지금은 충돌구라고 불린다)로 불리는 둥근 접시 모양의 움푹 파인 구조를 그린 것을 볼 수 있다. 이는 곧 달 표면의 특징으로 인식된다.

망원경의 발명은 네덜란드의 안경 기술자 한스 리퍼세이Hans Lippershey, 1570~1619가 1608년 10월 망원경 특허권을 청구한 것이 최초라고 인정받고 있다. 그리고 망원경을 천문관측에 활용한 것은 이듬해인 1609년 갈릴레이가 스스로 개량한 망원경을 사용한 것이 처음으로 알려져 있다. 망원경 제작 기술은 빠르게 발전하여, 영국의 과학자 로버트 훅Robert Hooke, 1635~1703은 36피트(약 11m)의 초점거리를 갖는 당시 최고 성능의 반사 망원경을 제작했다. 1664년에는 이를 이용해 달을 관찰하여 놀랍도록 자세한 달 표면 스케치를 발표했다(그림 4-4). 히파르쿠스Hipparchus 크레이터와 그 안팎의 크고 작은 크레이터를 그린 이 그림이 얼마나 자세하게 그려졌는지는 그림 4-4에서 19세기 말과 21세기 초에 촬영된 사진들과 비교해 보면 알

그림 4-3. 갈릴레이 초상화와 달 스케치

오른쪽 그림은 플랑스인 화가 저스터스 서스터만스(Justus Sustermans)가 1640년에 그린 갈릴레이의 초상화이다. 갈릴레이는 1564년에 태어났으므로 이때 갈릴레이의 나이는 74세이다. 2년 후인 1642년 갈릴레이는 세상을 떠난다. 왼쪽 그림은 1609년 갈릴레이가 망원경을 이용하여 관찰하여 그린 달 스케치이다.

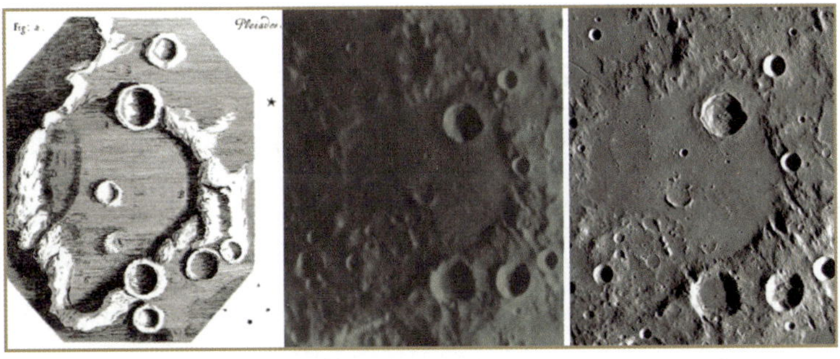

그림 4-4. 히파르쿠스 충돌구 스케치와 사진

가장 왼쪽은 로버트 훅이 직접 제작한 반사 망원경으로 1664년 관찰한 모습을 그린 것이며, 중앙은 19세기 말의 망원경 사진, 오른쪽은 21세기의 LRO 영상이다. 로버트 훅이 약간 호리병 모양으로 그렸으며, 사진에서는 상대적으로 흐릿한 윤곽을 가진 큰 구조가 히파르쿠스 충돌구이며, 나중에 생긴 좀 더 뚜렷한 작은 충돌구들도 여럿 보인다. 히파르쿠스 충돌구의 지름은 약 150km이다.

수 있다. 지금은 달의 매우 자세한 표면 구조를 볼 수 있어 달에도 다양한 지형적 특징과 지질학적 구조가 존재한다는 것을 알고 있지만, 갈릴레이의 첫 스케치 이후 꽤 오랫동안 어두운 곳과 밝은 곳 그리고 수많은 크레이터가 달 표면을 대표했다.

지구의 산과 바다, 강과 호수 등 각 지형마다 이름이 있듯이 달 표면의 구분되는 지형도 이름이 있다. 달의 지리학적 명칭은 이탈리아의 가톨릭 신부이면서 천문학자인 조반니 리치올리Giovanni Battista Riccioli, 1598~1671가 정리한 체계를 지금도 대부분 따르고 있다. 맨눈으로도 구분되는 달 표면의 대표적인 특징은 크게 어두운 곳과 밝은 곳으로 나눌 수 있다는 것이다. 우선 이 두 영역을 바다(mare, 복수형 maria)와 육지(terra, 복수형 terrae)로 구분했다. 지구의 바다와 같이 표면이 물로 덮여 있는 곳은 아니지만 좀 더 낮고 어두운 곳을 달의 바다, 높고 밝은 영역은 육지로 불렀다. 육지의 지역마다 마치 지구의 대륙이나 산맥처럼 따로 명칭을 사용했지만, 최근에는 지역 명칭뿐 아니라, '테라'라는 용어도 거의 사용하지 않는다. 상대적으로 높은 지역이므로 전체를 고지대highland라고 부른다. 달의 고지대는 수많은 크고 작은 충돌구로 덮여 있으며, 달의 바다에서도 (고지대 만큼은 아니지만) 충돌구가 흔히 발견된다. 리치올리는 달의 바다에는 신화적인 명칭을, 달의 충돌구에는 철학자나 과학자들의 이름을 붙였다. 물론 당시에는 충돌구의 개념이 없었으므로 단순히 크레이터였지만.

달의 바다로 명명된 곳은 모두 23개가 있으며 각각 독특한 명칭이 붙어 있다. 달의 바다란 대부분 오래된 커다란 충돌구로 생각

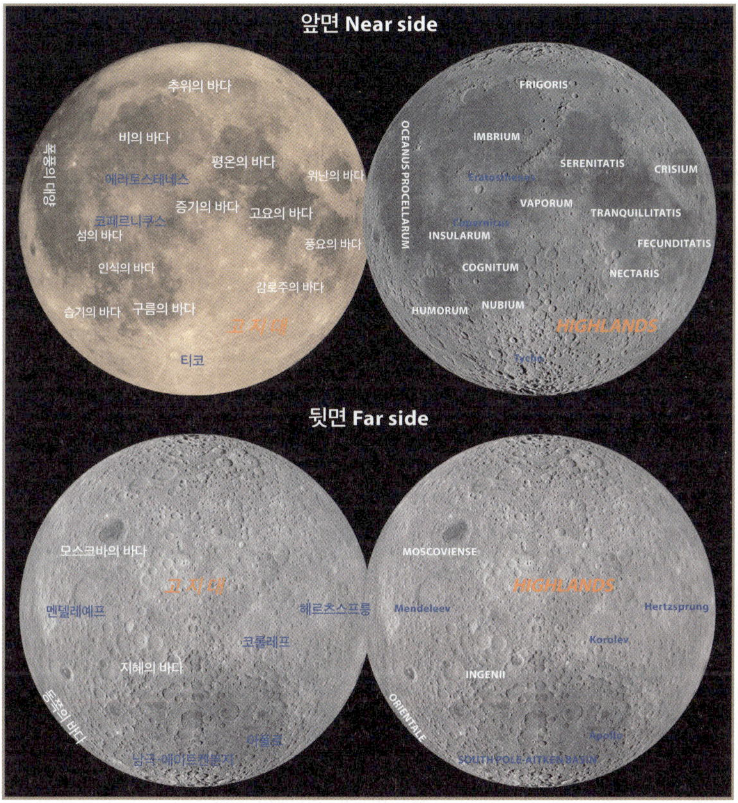

그림 4-5. 달의 앞면(위)과 뒷면(아래)의 대표적 지리적 명칭

오른쪽은 영어, 왼쪽은 이를 번역한 우리말 명칭이다. 바다와 대양은 흰색, 충돌구는 파란색 글씨로 나타내었으며, 바다의 영문 명칭에는 'Mare'를 생략했다. 앞면과 달리 뒷면에는 '바다'의 수도 적고 크기도 매우 작음을 볼 수 있다. 하지만 뒷면에는 거대한 남극-에이트켄분지가 존재한다. 남극 근처 흐릿하게 어두운 전체가 남극-에이트켄분지이다. 앞면의 왼편은 지구에서 망원렌즈로 촬영한 영상이며, 나머지는 NASA LRO의 합성 영상이다.

되는 상대적으로 낮은 지형에 현무암질 용암이 흘러서 덮인 좀 더 어두운 넓고 편평한 지역이다. 달의 바다는 달 표면 전체의 16~17% 정도를 차지하는데 대부분 지구에서 볼 수 있는 앞면에 있고 앞면의 약 30%를 차지한다(그림 4-5). 달의 뒷면에도 바다가 있지만 앞면에 비해 크기도 작고 수도 적다. 왜 달의 바다는 앞면에만 주로 존재하는지를 포함한 달의 앞면과 뒷면의 비대칭성은 논쟁이 거듭되고 있는, 과학자들이 아직 해결하지 못한 숙제 중 하나이다. 달의 비대칭성에 대해서는 뒤에서 그리고 다음 장 '달의 내부를 들여다보자'에서도 다시 살펴볼 것이다. 그림 4-5는 달의 바다와 대표적 충돌구의 영문 명칭과 이를 번역한 우리말 이름이다. 앞서 설명한 것처럼 바다에는 대부분 신화적 명칭이 붙어 있다. 영어로는 'Mare ○○○'으로 부르며, 우리말은 '○○○의 바다'로 번역한다. 예를 들어 '감로주의 바다Mare Nectaris'로 부른다. 유일하게 규모가 가장 큰 'Procellarum'에만 예외적으로 'Oceanus(대양)'란 호칭이 붙어 있어 'Oceanus Procellarum'이며 '폭풍의 대양'으로 번역해 부른다. 달의 바다는 비교적 낮고 편평한 지형이므로 분지Basin라고도 할 수 있다. 하지만 달의 모든 분지를 바다라고 부르지는 않는다. 대표적으로 달의 뒷면 남극 지역에 위치한 달에서 가장 큰 분지이자 거대한 충돌구인 남극-에이트켄분지South Pole-Aitken Basin에는 바다 또는 대양의 명칭을 사용하지 않는다. 분지를 현무암 용암이 덮고 있는 것은 아니기 때문이다. 따라서 주변과 색의 차이가 거의 없어 사진에서도 윤곽이 잘 드러나지 않는다. 이 책에서는 설명하지 않겠지만, 대양과 바다 외에도 달의 낮고 어두운 부분 중 규모가 작은 지형에는 호수lacus, 습지palus, 만sinus 등의 용어가 사용되기도 한다.

달의 표면 어디서나 흔히 충돌구를 볼 수 있지만, 고지대가 달의 바다보다 충돌구 밀도가 훨씬 높다. 이를 가장 단순하게 설명하면 고지대가 더 오래된 지형이라는 것이다. 고지대는 오랜 기간 충돌을 경험하여 충돌구의 밀도가 높고, 달의 바다는 나중에 현무암 용암이 흘러 기존 충돌구를 덮었으므로 상대적으로 젊은 충돌구만이 적게 분포한다. 이는 두 지역에서 채취한 암석의 나이를 측정한 결과를 통해서도 증명된다.

달의 앞면의 대표적인 충돌구로는 에라토스테네스Eratosthenes, 코페르니쿠스Copernicus, 티코Tycho 충돌구 등이 있다(그림 4-5). 이들 충돌구의 생성 시기는 달의 지질시대를 나누는 기준이 되기도 한다. 충돌구는 가끔 운석충돌구로 불리기도 하는데 무엇이 와서 때렸는지 모르는 경우가 많으니 단순히 충돌구라고 하는 것이 좋다. 충돌분화구라고 하기도 하는데 이는 잘못된 표현이다. 분화구란 불을 품는 구덩이 즉 화산분화구를 의미한다. 즉, 크레이터 종류에는 분화구도 있고 충돌구도 있다. 달 표면의 크레이터는 대부분 충돌구이고 지구에서는 대부분 분화구이다. 우리는 잘 알고 있는 것을 기준으로 새로 접하는 대상을 해석하곤 한다. 당연히 달도 지구를 기준으로 해석했고 예전에는 달의 크레이터도 지구처럼 화산분화구로 생각한 학자들이 많았다.

달의 뒷면 모습은 앞면과 여러 면에서 다르다(그림 4-5). 대표적으로 어두운 부분이 차지하는 면적이 확 줄어들어 주로 고지대로 이루어진 것을 볼 수 있다. 충돌구의 밀도가 더 높으며, 남극 부근에는 태양계에서 가장 크다고 충돌구로 알려진 남극-에이트켄분지의 흐릿한 윤곽도 볼 수 있다. 달 표면의 구체적인 모습이 알려지면서 앞면과 뒷면의 바다와 충돌구뿐 아니라 산이나 계곡과 같이 더 작은 규모의 지형에도 이름이 붙기 시작했다. 너무 자세한 내용이라 이 책에서 다루지 않을 뿐이다. 독자께서 바다와 충돌구에만 이름이 붙어 있는 것으로 오해할 수 있어 사족을 붙인다.

달 표면의 위도와 경도

지구 표면의 위치를 수학적으로 나타내기 위해 좌표계(위도와 경도)를 사용하는 것처럼 달 표면에도 좌표계를 사용한다. 먼저 지구의 좌표계를 간단히 살펴보자. 위도 좌표계의 첫 번째 기준은 지구의 자전축이다. 지구의 자전축과 지표면이 만나는 두 점을 각각 북극점과 남극점으로, 지구 중심을 지나며 자전축에 수직인 면과 지표면이 만나는 원을 적도로 정의한다. 적도를 0도로 정의하여, 지구 중심에서 바라본 적도와의 각도가 특정 지점의 위도latitude이다. 적도를 기준으로 북쪽이면 북위, 남쪽이면 남위이다. 지도상에서는 적도와 평행한 동서 방향의 선으로 나타나며, 극으로 가면서 위도값이 커진다. 경도longitude는 자전축을 포함하여 지구를 수직으로 절단하는 면과 지표면이 만나는 원이다. 이 원은 자전축을 중심으로 360도 회전시킬 수 있다. 이 중에서 영국 그리니치 천문대를 지나는 반원을 경도의 기준, 즉 경도 0도로 삼기로 1884년 국제회의에서 결정했다. 이를 기준으로 동쪽으로 회전하면서 동경 0도부터 180도까지, 서쪽으로 서경 0도부터 180도까지 정의한다. 동경과 서경 180도가 만나는 선은 그리니치 천문대를 지나는 선(0도)의 지구

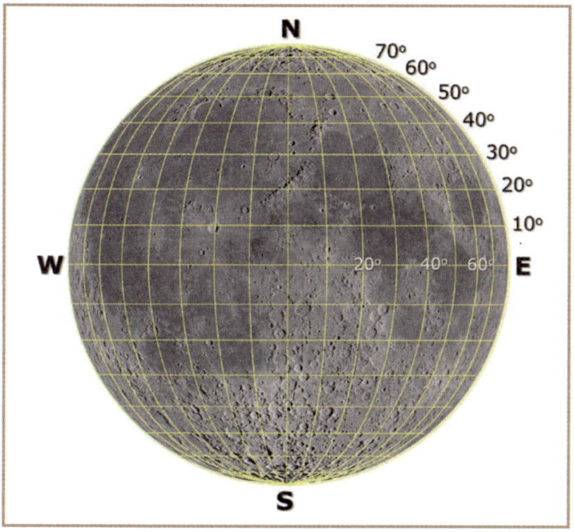

그림 4-6. **월면좌표계**

달의 위도는 지구와 마찬가지로 자전축을 이용하여 남극(남위 90도)과 북극(북위 90도)과 적도(위도 0도)를 기준으로 정하며, 경도는 남극과 북극을 지나는 세로 방향의 원 중에서 지구에서 바라보았을 때 달의 한가운데 위치한 반원이 기준(경도 0도)이다. 북반구에서 볼 때 오른쪽이 동경, 왼쪽이 서경이다.

정반대에 위치하며 대략 태평양을 종단한다. 이 선을 기준으로 날짜 변경선이 만들어졌다.

달 표면 역시 위도와 경도를 이용해 표현하며, 이를 월면좌표계selenographic coordinate system라고 한다(그림 4-6). 원리는 지구와 매우 유사하여 위도의 정의는 지구처럼 달의 자전축으로 북극점과 남극점, 그리고 수직이 되는 적도를 정의하고 이로부터 위도의 각도를 정한다. 경도를 나누는 방법 역시 같지만, 차이점은 경도의 기준점이다. 지구는 그리니치 천문대라는 인공물을 기준으로 했으나 달은 경도선 중 지구에서 바라보았을 때 달의 한가운데를 지나는 임의의 선을 기준으로 했다. 이를 기준으로 북반부에서 바라보았을 때 오른쪽으로 가면서 동경, 왼쪽으로 가면서 서경이다. 그림 4-6을 포함해 그림 4-5 등 많은 달 사진, 특히 원격탐사에 의한 합성 사진은 월면좌표계에 따라 북극이 위로 가도록, 경도 0도가 한가운데 오도록 배열되어 있다. 지구와 달의 자전축 기울기가 다르므로 우리가 밤하늘에 보는 모습과는 다르다. 지구의 위도에 따라서도 밤하늘에 보는 달의 기울기가 달라져 남반구와 북반구에서는 달이 서로 반대로 뒤집혀 보인다. 간단히 북극과 남극에 서 있는 사람을 상상하면 된다.

달의 광물과 암석

지형과 달리 지질을 이해하기 위해서는 망원경 등을 이용한 관찰 외에도 직접 암석을 육안이나 현미경을 이용해 관찰하고, 물리적 특성을 측정하고, 화학조성을 정밀하게 분석하는 것도 필요하다. 앞서 여러 차례 언급한 것처럼 달의 11개 지점(그림 3-6)에서 유무인 탐사를 통해 총 386kg에 달하는 암석과 토양 시료를 지구로 가져왔으며, 지표면에서 발견된 다양한 달 운석이 있어 지질학적 연구가 가능하다. 다만 이들 자료를 일반화할 때 매우 조심스럽게 접근할 필요가 있다. 우선 그림 3-6에서 보는 것처럼 달 암석을 제한된 장소에서 가져와 연구한 것이므로 과연 달을 대표한다고 할 수 있는지 살펴봐야 한다. 물론 달 운석의 경우에도 구체적으로 달의 어디에서 떨어져 나온 것인지는 알지 못한다. 따라서 달 암석을 통해 우리가 알고 있는 달의 지질은 암석을 가져온 제한된 지역의 독특한 지질학적 특성일 수도 있다는 점을 항상 생각해야 한다. 물론 무작위적으로 떨어져 나왔을 수도 있는 달 운석과 특정한 장소에서 채취한 달 암석이 크게 다르지 않기 때문에, 논리적으로 달 암석과 운석이 달 전체를 대표한다고 가정할 수 있을 것이다. 또한 제한된 장소의 시료 채취를 보완할 수 있는, 달 전체를 대표할 수 있는 자료인 원격탐사 결과가 있다. 물론 원격탐사 자료는 암석을 실험실에서 분석하는 방법에 비해 정밀도가 떨어지며 정보의 종류도 제한적이지만 달 전체의 분포를 이해하는 데는 가장 좋은 방법이다. 원격탐사 자료를 해석할 때, 달의 표면은 수많은 크고 작은 충돌에 의해 만들어지고 흩뿌려진 달 표토층lunar regolith으로 덮여 있어 표면과 그 아래 암반bed rock이 서로 다를 수 있다는 점도 염두에 두어야 한다. 이런 시료 또는 자료의 편향성을 극복하기 위해서라도 다시 달에 가야 할 필요가 있다. 다만, 달은 지구와 비교하면 지질이 상대적으로 단순할 것으로 믿을만한 충분한 이유가 있으므로 제한된 자료라고 할지라도 달의 전체 지질과 성인 및 진화를 논하는 것은 큰 논리적 무리가 없을 것으로 보인다.

아폴로 프로그램 이후 분명히 알게 된 사실 중 하나는 달이 핵, 맨틀, 지각으로 분화된 천체라는 것이다. 이런 분화는 마그마 단계에서 일어나므로 달이 과거에 상당 부분 녹았다가 다시 굳었다는 것을 의미한다. 따라서 초기에는 달도 지구처럼 지질학적으로 매우 활동적인 천체였을 것이다. 달 암석의 연대를 측정한 결과, 달 자체의 에너지로 인한 지질학적 주요 활동, 즉 마그마가 관입하고 용암이 분출하는 화성활동은 약 32억 년을 전후해 대부분 멈춘 것으로 보인다. 물론 더 젊은 시기를 지시하는 화성활동도 있어 완전하게 멈춘 것은 아니다. 예를 들어 약 20억 또는 12억 년 전 형성된 현무암의 연대측정결과도 있고, 방사성동위원소를 이용한 정량적 연대측정결과는 아니지만 더 젊은 시기의 화성활동을 해석한 논문도 있다. 이런 예를 제외한다면(앞으로 이런 예외가 자꾸 발견될 가능성도 있지만), 약 30억 년 전 이후 달 표면의 변화는 주로 외부적 요인에 의한 것이다. 큰 규모로는 크고 작은 충돌이 일어나면서 충돌구가 형성되고 충돌각력암과 달 표토층이 만들어지는 등 표면을 변화시켜 왔고, 작은 규모로는 태양풍이나 우주 입자와 방사선cosmic particles & radiation = cosmic-ray 등에 의해 표면 암석과 토양에 우주 풍화space weathering가 일어났다. 요약하면, 달의 지질 활동은 주로 초창기에 일어난 화성활동과 달 탄생 이후 지금까지 일어나고 있는 크고 작은 충돌작용으로 크게 구분할 수 있다. 따라서 달의 암석과 달의 지질시대lunar geologic time scale도 이를 기준으로 구분한다.

달 지각을 구성하고 있는 광물과 암석은 지구와 비교해 종류가 매우 단순하다. 거꾸로 지구의 광물과 암석이 매우 다양하다고 표현하는 것이 더 합리적 표현일 수도 있다. 그 차이는 수권과 기권의 존재 여부, 내부 에너지의 지속기간, 판의 구조적 움직임(판구조론, plate tectonics) 등이 결정했다. 2024년 기준 우리가 알고 있는 광물의 수는 6,000종을 조금 넘는다. 이 중 대부분은 당연히 지구 암석에서 발견된 것이며, 일부는 운석에서 최초 발견된 것도 있고 달의 암석에서 최초 발견된 것도 있다. 운석이나 달의 암석에서 처음 발견된 후 지구 암석에서도 발견된 것도 있고, 아직은 오직 운석에서만 발견되는 광물도 있다. 운석학자로서 가장 많이 받는 질문이 "운석은 다릅니까? 지구와는 다른 물질로 이루어져 있나요?"이다. 사실 간단히 답할 수 있는 질문은 아니지만 간단히 답한다면, "아뇨. 기본적으로 같은 물질로 이루어져 있습니다. 다만 물질의 조합이 다를 수 있습니다."이다. 주어진 조건에서 어떤 물질이 안정하게 존재할 수 있는지를 다루는 학문을 열역학이라고 한다. 열역학에서 말하는 주어진 조건이란 온도, 압력, 그리고 화학조성이다. 같은 화학조성이라도 온도와 압력이 다르면 생성되는 광물 또는 광물의 조합이 다를 수 있다. 대략적인 화학조성이 같더라도 어떤 성분의 작은 차이에 따라 생성되는 광물이 달라지기도 한다. 물과 산소 등이 대표적으로 그런 역할을 하기도 한다. 지구와 달은 전체 화학조성에서 크게 다르지 않다. 하지만 지구 표면에는 물과 산소가 풍부하며, 지구는 달에 비해 새로운 암석과 광물을 생성할 수 있는 에너지가 풍부할 뿐 아니라, 온도와 압력 조건도 다양하다. 이런 이유로 지구에서 훨씬 더 다양한 광물과 암석이 생성된다. 지구의 지각과 맨틀의 암석은 대부분 규산염광물silicate minerals로 이루어져 있다. 규산염광물이란 규산염 사면체라 불리는 $[SiO_4]^{4-}$를 기본으로 다양한 양이온과 음이온이 결합하여 만들어진 광물이다. 지각의 90% 정도를 차지하며, 우리 주위에서 발견되는 석영, 장성, 감람석, 휘석, 운모, 점토광물 등이 모두 규산염광물의 대표적인 예이다. 달 표면 암석 역시 주로 규산염광물로 이루어져 있으나 광물 조합이 지구에 비해 매우 단순해 주구성광물은 사장석, 휘석, 감람석, 티탄철석 정도이다. 그

표 4-1. 달 광물 목록

족 또는 그룹[1]	광물 예	비중(g/cm³)	화학시	함량[2]
사장석 (plagioclase)	회장석(anorthite)	2.75	$CaAl_2Si_2O_8$	풍부
	바이타우나이트 (bytownite)	2.73	$(Ca,Na)(Si,Al)_4O_8$	풍부
	라브라도라이트 (labradorite)	2.71	$(Ca,Na)(Si,Al)_4O_8$	풍부
정장석 (K-feldspar)	정장석(K-feldspar)	3.24	$KAl_2Si_3O_8$	미량
감람석 (olivine)	마그네슘 감람석(forsterite)	4.29	Mg_2SiO_4	풍부
	철 감람석(fayalite)	3.4	Fe_2SiO_4	소량
휘석 (pyroxene)	완화휘석(enstatite)	3.4	Mg_2SiO_6	풍부
	단사휘석(clinoenstatite)	3.3	Mg_2SiO_6	풍부
	피져나이트(pigeonite)	3.3	$(Mg,Fe,Ca)_2SiO_6$	풍부
	보통휘석(augite)	3.5	$(Ca,Na)(Mg,Fe,Al,Ti)_2SiO_6$	풍부
	헤덴버자이트(hedenbergite)	2.6	$CaFeSi_2O_6$	소량
	파이록스페로아이트 (pyroxferroite)	3.68~3.76	$(Fe,Ca)SiO_3$	미량
규산염광물 (그룹 분류 안됨)	트렌퀼리타이아이트 (tranquillityite)	4.7	$Fe_8Ti_3Zr_2$ Si_3O_{24}.	미량
저어콘 그룹	저오콘(zircon)	4.6~4.7	$ZrSiO_4$	미량
실리카	실리카 동질이상 (silica polymorphs)	2.23~4.3	SiO_2	미량
산화광물 (oxide minerals)	티탄철석(ilmenite)	4.72	$FeTiO_3$	풍부
	바델리아이트(baddeleyite)	5.4~6.0	ZrO_2	미량
	아말콜라이트(armalcolite)	4.64	$(Mg,Fe)Ti_2O_5$	미량
첨정석 그룹 (spinel group)	첨정석(spinel)	3.56	$MgAl_2O_4$	소량
	철첨정석(hercynite)	3.93	$FeAl_2O_4$	소량
	울보스피넬(ulvöspinel)	4.7	$TiFe_2O_4$	소량
	크롬철석(chromite)	4.7	$FeCr_2O_4$	소량
황화광물 (sulfide minerals)	트로일라이트(troilite)	4.75	FeS	미량

인산염광물 (phosphate minerals)	메릴라이트(merrillite)	3.1	$Ca_9NaMg(PO_4)_7$	미량
	인회석(apatite)	3.19	$Ca_5(PO_4)_3(Cl,F)$	미량
금속광물	철 금속(Fe metal)	7.87	Fe	소량/미량

1) 광물은 크게 족(class)으로 구분하고 족을 다시 그룹(group)으로 구분한다.

2) 함량은 풍부(일반적으로 암석 내 수 % 이상 포함되는 광물), 소량(1% 내외), 미량(드물게 또는 0.1% 이하)으로 구분해 표기했다. 이는 평균적인 경향이며, 암석에 따라 달라진다.

외에 석영 및 석영의 동질이상, 정장석 그리고 몇몇 산화광물, 인산염광물, 황화광물이 암석에 따라 조금씩 발견되기도 한다(표 4-1). 달의 구성광물은 그 수를 다 합쳐도 수십 종에 그친다. 연구가 진행되면서 더 늘어나겠지만, 달이 지구보다는 매우 적은 수의 광물로 구성되어 있다는 사실은 바뀌지 않을 것이다.

앞서 언급한 것처럼 어떤 광물은 달에서, 즉 아폴로 우주인이 가져온 암석에서 처음 발견되기도 했다. 아폴로 11호 착륙지인 고요의 바다Mare Tranquillitatis를 따서 '트렌퀼리타이아이트tranquillityite'라 명명된 광물, 아폴로 11호 우주인 암스트롱Amrstrong, 올드린Aldrin, 콜린스Collins의 알파벳을 따와서 합친 '아말콜라이트armalcolite'로 명명된 광물 등은 처음에는 달에만 존재하는 광물로 알려졌다가 나중에 지구에서도 발견된 광물이다.

지구의 암석은 크게 화성암, 변성암, 퇴적암으로 구분한다. 마그마로부터 생성된 화성암은 달에서도 발견되지만, 변성암·퇴적암의 특징과 생성 과정은 지구와 크게 달라서 주로 충돌에 의해 만들어진다. 달의 화성암은 크게 회장암으로 대표되는 심성암인 고지대의 암석과, 달의 바다를 덮고 있는 화산암인 현무암으로 구분할 수

그림 4-7. **달 표면을 대표하는 달 암석과 토양**

회장암(왼쪽 위), 현무암(오른쪽 아래), 충돌각력암(왼쪽 아래)과 달의 토양(오른쪽 위). 회장암은 아폴로 15호가 가져온 암석으로 소위 'Genesis rock'으로 알려진 암석이다. 현무암은 아폴로 17호가 가져온 고-타이타늄 현무암이며 아폴로 프로그램이 회수한 가장 마지막 암석 중 하나이다. 충돌각력암은 아폴로 16호가 회수했으며 충돌에 의해 부서진 회장석과 현무암의 암편이 비교적 밝은 색의 기질과 함께 굳어진 암석이다. 달의 토양에 찍힌 아폴로 11호 우주인 버즈 올드린의 발자국으로 달 토양 입자가 얼마나 세립질이고 부드러운지 알 수 있다. Image credit: NASA.

있다. 충돌이 일어나면 이들 암석의 파편이 섞인 후 굳어진 충돌각력암이 만들어진다. 충돌각력암 중 일부는 충격으로 변성작용을 받았으므로 변성암으로 분류하기도 있다. 요약하면 달 표면의 대표적인 암석은 심성암, 화산암, 충돌각력암 세 종류로 구분할 수 있다(그림 4-7). 물론 이를 산출 양상, 광물 조합, 화학조성, 변성작용의 유무 등에 따라 더 세분할 수 있다. 예를 들어 달의 심성암에는 회장암 외에도 주로 감람석으로 이루어진 감람암dunite과 주로 회장석과 감람석 또는 휘석이 섞인 트록톨라이트troctolite, 노라이트norite 등도 포함되며, 드물게 화강암granite도 발견된다. 화산암에는 알루미늄질 현무암, KREEP-현무암 등이 포함된다. 'KREEP'에 대해서는 잠시 뒤에 설명한다.

현무암은 달의 표면에서 지대가 낮은 분지를 덮고 있으며 달 전체 면적의 약 16~17%, 앞면의 약 30%를 차지하지만, 두께는 그리 두껍지 않으므로 전체 달 지각의 약 1%에 불과할 것으로 추정된다. 나머지 거의 99%는 고지대를 구성하고 있는 회장석이 풍부한 암석이다. 지구에서도 현무암질 마그마는 유동성이 좋은 편이다. 달의 현무암은 지구에 비해 철 함량은 높고, 규소와 알루미늄 함량은 낮다. 마그마 또는 용암일 때 온도는 더 높았을 것으로 추정된다. 이 때문에 지구의 현무암보다도 훨씬 더 유동성이 좋아 얇고 넓게 퍼졌을 것이다.

광물 입자 크기가 큰 조립질이면서 회장석이 많이 포함된 심성암이 달 표면에 폭넓게 분포한다는 점은 달의 진화를 해석하는 매우 중요한 지질학적 사실이다. 3장에서 간단히 설명한 것과 같이 회장석은 마그마에서 가장 고온에서 정출하는 광물 중 하나지만, 대부분의 고온 정출 광물과는 달리 밀도가 비교적 낮다(표 4-1). 이 때문에 정출하면 가라앉지 않고 마그마 챔버 윗부분으로 떠오른다. 회장석을 달 지각에 대량 산출시키는 가장 단순한 설명은 과거에 달의 표면과 맨틀의 상당 부분이 녹아 마그마의 바다를 형성했고, 그때 먼저 정출한 광물 중 밀도가 큰 감람석과 휘석은 아래로 가라앉았지만, 뒤이어 정출한 회장석은 마그마보다 밀도가 작아서 위로 떠 올라 회장석이 풍부한 달의 지각(고지대)을 형성했다는 것이다. 아폴로 11호의 착륙지점은 현무암 지대인 고요의 바다이다. 하지만 달에서 오랜 기간 일어난 크고 작은 충돌 때문에 현무암 지대에도 고지대의 암석 파편으로 이루어진 달 토양이 존재한다. 아폴로 11호 착륙 지점 단 한 곳의 암석과 토양을 연구한 존 우드John A. Wood 박사 등 당시 과학자들은 토양에 포함된 회장암 파편을 보고 달이 마그마 바다 단계를 경험했다는 결론을 내렸다. 과학적 직감이라고 해야 할지 혜안이라고 해야 할지 놀라울 뿐이다. 마그마의 바다 이론이 맞는다면 달의 고지대를 이루고 있는 암석은 달 생성 초기에 만들어져야 하는데, 고지대 암석의 나이를 측정해 보면 40~45억 년으로 가장 오래되었다. 달의 바다를 이루는 현무암의 경우 이보다 늦은 31~38억 년 전에 대부분 생성되었다.

아폴로 우주인들이 가져온 달 암석을 연구하던 학자들은 지구의 현무암과 달리 포타슘(칼륨, K), 희토류 원소Rare Earth Elements, REE, 인P 등이 매우 풍부한 암석을 발견하고 'KREEP'이라고 명명한다. 이들은 마그마에 잔류하는 원소들이라는 공통 특징이 있다. 마그마에 잔류하는 다른 원소들도 이 암석에 풍부한데 굳이 'KREEP'이라 부른 이유는 아마도 'y'를 붙이면 '기괴한, 소름 끼치는'이란 뜻의 'creepy(크리피)'와 발음이 같기 때문이 아닌가 한다. 이런 언어유희는 과학자들이 새로운 과학용어를 만들 때 종종 하는 행동이다. 필자는 미국 UCLA에서 공부하던 시절 박사학위 지도교수셨던 존 왓슨John T. Wasson, 1934~2020 교수와 왓슨 교수의 예전 박사과정 제자이면서 당시 이미 달 운석 연구의 세계적 권위자 중 한 명인 폴 워렌Paul

Warren 박사가 달의 지질을 주제로 토론하던 장면을 여러 번 보았다. 초창기엔 이들의 대화 중에 자주 출현하는 'KREEP'이 무엇인지 몰랐으므로, '왜 자꾸 암석을 기괴하다고 할까?' 궁금했던 기억이 난다. 'KREEP'에 대해 소개하는 이유는 KREEP-현무암의 기원이 달의 지질에 관한 주요 논쟁거리 중 하나이고, 또 최근 경제적 가치가 점점 커지는 희토류 원소REE가 상대적으로 풍부하므로 달의 자원을 논할 때 빠지지 않고 등장하기 때문이다. 후자에 관해서는 7장 '달에도 자원이 있을까?'에서 설명하기로 하고 'KREEP'의 기원에 관한 논쟁부터 소개한다.

앞서 소개한 마그마의 바다에서 회장암질 지각을 형성하고 남은 잔류 마그마에는 'KREEP'과 같이 광물보다는 마그마를 선호하는 성질의 원소가 농집된다. 이런 잔류 마그마가 나중에 지표로 분출해 낮은 지역을 채우면서 굳으면 KREEP-현무암이 풍부한 달의 바다가 만들어진다. 고지대의 암석과 KREEP-현무암의 희토류 원소 함량 패턴을 비교하면 서로 반대로 나타난다. 이는 두 암석이 서로 잃어버린 반쪽이란 뜻이다. 고지대 암석이 먼저 가져간 성분은 잔류 마그마 기원인 KREEP-현무암에 적고, 고지대 암석에 결핍된 성분은 고지대 암석이 잔류 마그마에 남겨 두고 간 것이므로 KREEP-현무암에 많다. 이 단순하지만 명쾌한 설명이 아폴로 우주인이 가져온 암석을 연구한 학자들의 생각이었다. 그들은 회장석이 달 전체에 폭넓게 분포하는 것처럼 KREEP-현무암이 그럴 것으로 생각했다. 즉, 표면에 현무암이 존재하는 곳에서는 대부분 KREEP-현무암이 발견될 것으로 예측했다. 하지만 원격탐사 결과는 이와

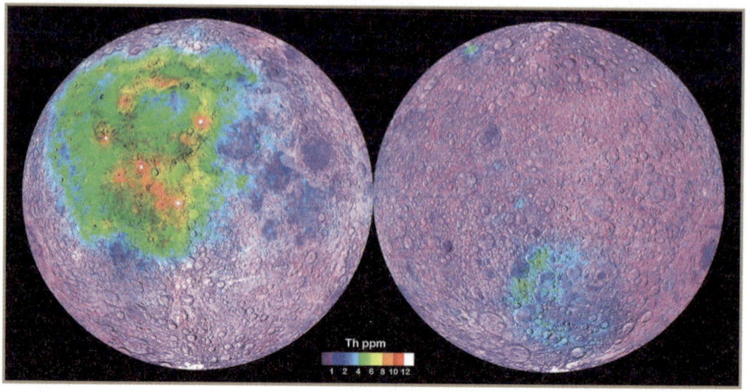

그림 4-8. NASA의 달 궤도 탐사선 루나 프로스펙터가 구한 토륨(Th) 함량 지도
토륨 함량이 높은 폭풍의 대양 및 그 주변과, 중간 정도인 남극-에이트켄분지, 그리고 토륨 함량이 낮은 나머지 지역으로 크게 구분하여, 각각 약자로 PKT, SPAT, FHT로 부른다(본문 참조). Image credit: NASA.

다른 결과를 보여 주었다. 앞서 언급한 것처럼 KREEP-현무암에는 'KREEP' 외에도 마그마에 농집되는 원소의 함량이 높다. 그중에는 토륨Thorium, Th도 포함된다. 토륨은 방사성동위원소이므로 붕괴하면서 감마선γ-ray을 방출하고, 이는 궤도 탐사선에 장착된 감마선 검출기로 확인할 수 있다. 3장에서 소개한 NASA의 루나 프로스펙터의 토륨 영상이 그것이다(그림 4-8). 토륨 함량이 높으면 마그마에 농집되는 다른 원소의 함량도 높을 것으로 기대할 수 있다. 따라서 토륨 영상은 KREEP-현무암의 분포로도 해석할 수 있는데, 그림 4-8에서 보는 것처럼 당초 예상과는 달리 특정 장소, 주로 폭풍의 대양과 주변(추위의 바다, 비의 바다, 섬의 바다 등)의 제한된 지역에만 분포한다. 이 지역을 폭풍의 대양 KREEP 지대Procellarum KREEP Terrane, PKT라고 부른다. 반대편으로 거의 대척점인 남극-에이트켄분지에도 미약하지만 토륨 신호가 나타난다. 이 지역은 남극-에이트켄 지대South Pole-Aitken Terrane, SPAT라고 부르며, 나머지 지역을 장석질 고지대Feldspathic Highlands Terrane, FHT라고 하여 달 표면을 화학조성에 따라 이렇게 크게 세 지대로 구분하기도 한다.

KREEP-현무암이 왜 특정한 장소에만 분포하는지는 아직 논쟁 중인 이슈이고 해결해야 할 과제 중 하나이다. 이를 설명하는 이론의 예를 든다면 남극-에이트켄분지를 형성한 거대한 충돌이 'KREEP' 마그마의 생성과 분출에 영향을 주었다는 주장이 있다. 즉, 거대한 충돌이 남극-에이트켄 충돌구를 형성하고 이때 형성된 강력한 충격파가 반대편에 전달되어 폭풍의 대양 KREEP 지대를 형성한 거대한 화산활동을 유발했으며, 충돌구 아래에서도 일부 KREEP이 풍부한 마그마의 분출이 일어났다는 것이다. 남극-에이트켄분지가 워낙 거대한 충돌구이기 때문에 일부 지역에는 달의 맨틀 물질이 드러나 있을 가능성도 있다. 이래저래 이들 지역은 달을 연구하는 과학자들의 관심이 집중된 지역이다.

그림 4-7에는 달의 암석과 함께 달의 토양 사진도 포함되어 있다. 닐 암스트롱 선장과 함께 달을 밟은 또 다른 아폴로 11호 우주인 버즈 올드린Buzz Aldrin의 선명한 발자국은 달 토양이 얼마나 미세한 입자로 이루어져 있는지 잘 보여 준다. 여담이지만 이 사진을 포함해 많은 사진이 닐 암스트롱의 것으로 잘못 알려져 있다. 아마 닐 암스트롱 선장의 대중적 인지도가 높기 때문일 것이다. 하지만 두 사람 중 암스트롱 선장이 주로 사진 촬영을 담당했으므로 실제로는 버즈 올드린 사진이 더 많다. 다만 이 발자국 사진은 버즈 올드

린이 자신의 발자국을 직접 찍은 것이다. 버즈 올드린과 그림 3-1의 에드윈 올드린은 동일인이다. 에드윈에서 어린 시절 별명인 버즈로 1988년 개명했다. 영화 〈토이 스토리〉 주인공인 우주 비행사 버즈 라이트이어Buzz Lightyear는 버즈 올드린의 이름을 딴 것이다. 다시 본 주제로 돌아와서, 달의 토양은 이처럼 미립질 바탕에 다양한 종류와 크기의 암석 조각이 섞여 있다. 달 토양의 이런 특징을 결정한 대표적으로 원인으로는 대기가 없어 우주에서 들어오는 다양한 고에너지 입자와 암석, 소행성 등이 표면에 그대로 충돌한다는 점, 표면의 나이가 매우 오래되었으므로 이런 변화가 긴 시간 동안 그대로 누적되었다는 점, 매우 건조해 생성된 미립질 입자가 서로 뭉치지 않는다는 점 등을 들 수 있다. 앞서 설명한 것처럼 대기가 없는 달 표면은 태양풍, 우주 입자와 방사선 등에 의한 우주 풍화에 그대로 노출된다. 소행성 또는 그 파편인 커다란 암석뿐 아니라 모래 알갱이 크기의 암석도 엄청난 속도로 날아와 표면을 두드린다. 지구에는 대기와 자기장이 있으므로 커다란 크기의 암석 외에는 대부분 효과적으로 표면을 보호할 수 있다. 달 표면에 오랜 기간 누적된 작은 규모의 충돌은 달 표면의 토양을 매우 고운 입자로 바꿔 놓으며, 큰 규모의 충돌은 눈에 보이는 충돌구를 만들면서 달 표면 암석들을 작은 파편으로 부숴 놓았다. 충돌로 부서진 암석 조각과 토양이 후에 일어난 충돌로 다져지는 경우 충돌각력암이 만들어진다. 지구에도 충돌구가 있으므로 당연히 충돌각력암이 발견되지만, 달에서는 마치 지구 표면에 퇴적암이 흔한 것처럼 충돌각력암이 흔하다.

달의 지질시대와 충돌구

지구의 46억 년에 가까운 긴 역사를 구분하는 것을 지질시대geologic time scale라고 한다. 잘 알려진 것처럼 지구의 경우 생명체, 즉 화석 기록이 지질시대를 구분하는 첫 번째 기준 중 하나이다. 하지만 달에는 당연히 화석을 이용한 구분은 적용할 수 없으므로, 달 표면에 드러난 지형적·지질학적 특징이 가리키는 사건, 즉 특정 달의 바다의 생성 시기 또는 충돌구의 생성 시기 등을 기준으로 구분한다.

지구 지질시대 구분에 사용되는 단위는 큰 것부터 누대eon-대era-기period-세epoch-절age을 사용한다. 아마 이 중에서 '대' 단위인 고생대, 중생대, 신생대와 '기' 단위인 캄브리아기, 쥐라기 등은 대부분 익숙할 것이다. 달의 지질시대 단위에는 누대와 대는 사용되지 않고, 5개의 기로 크게 구분한다: 선넥타리스기Pre-Nectarian, 넥타리스기Nectarian, 임브리움기Imbrian, 에라토스테네스기Eratosthenian, 코페르니쿠스기Copernican. 모두 앞서 소개한 달의 바다 또는 충돌구의 이름이다. 즉 '감로주의 바다Mare Netaris'가 생성되기 이전과 이후, '비의 바다Mare Imbrium' 생성부터 그 이후, '에라토스테네스 충돌구' 생성부터 그 이후, '코페르니쿠스 충돌구' 생성부터 그 이후 이런 식으로 구분한 것이다. 각각 수억 년에서 10억 년 이상의 긴 기간을 갖는다. 특정 지역을 제외하면 주로 원격탐사에서 얻은 영상자료를 해석한 것이므로 지구의 지질시대처럼 작은 단위로 계속 세분하기는 쉽지 않다. 하지만 앞으로 달의 지질에 대한 연구가 더 진행되어 지질시대를 세분할 기준과 필요가 생기면 필자 개인적인 예상으로는 언젠가 기를 누대 또는 최소한 대로 바꾸자는 의견이 나올 것이다.

그렇다면 다음으로 생각할 수 있는 질문은 과연 어떻게 달의 지질시대를 구분할 수 있냐는 것이다. 예를 들어 감로주의 바다, 비의 바다, 에라토스테네스와 코페르니쿠스 충돌구는 서로 떨어져 있는데 무엇이 먼저고 나중인지 어떻게 알 수 있을까? 또 다른 지역들은 이 중 어떤 시기에 해당하는지 어떻게 확인할 수 있을까? 지구에서 지질학적 사건의 순서를 재구성하는 원리와 크게 다르지 않다. 먼저 가장 쉽고 또 정확한 방법은 암석과 광물에 포함된 방사성동위원소와 방사성 붕괴 결과 생성된 딸원소의 비를 측정하여 절대연령을 구하는 것이지만, 이는 시료가 확보된 경우로 제한된다. 두 번째는 지질학적 구조를 보고 상대연령을 추정하는 것이다. 어떤 구조나 암석이 다른 구조나 암석을 끊으면 끊은 것이 나중이고, 용암이나 분출물이 덮으면 덮은 것이 나중이라는 상식적인 판단을 활용한다. 충돌구는 오래될수록 윤곽도 선명하지 못하고 나중에 생긴 충돌구가 그 위에 중첩된다. 반대로 젊을수록 윤곽이 선명하게 보존되어 있고, 그 위에 새로 생긴 충돌구도 적으며, 충돌 분출물이 사방으로 뻗어 나간 분출선ejecta ray 또는 ray system도 뚜렷하게 보인다. 중력이 낮고 대기가 없으므로 분출물이 지구보다 더 멀리 뚜렷하게 퍼져 상대연령 추정에 유용한 기준이 된다.

아주 단순한 예를 하나 들어보자. 그림 4-9의 왼쪽 사진은 감로주의 바다와 그 주변을 LRO가 촬영한 영상이며, 오른쪽은 여기에 지질학적 사건 순서 설명에 도움이 되도록 표기를 입힌 것이다. 이 지역에서 인지할 수 있는 가장 오래된 지질학적 사건은 전체 기반

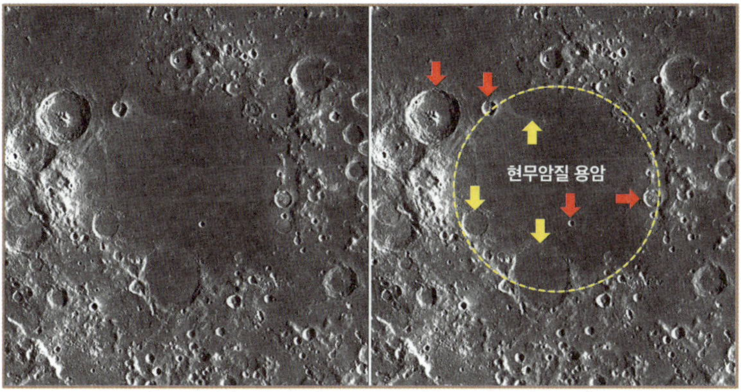

그림 4-9. 감로주의 바다 사진(NASA LRO image)을 이용한 지질학적 사건 순서 해석의 예

무엇이 무엇을 덮고 있는지를 보고 순서를 해석한다. 후에 일어난 일이 앞의 구조의 전체 또는 일부분을 덮거나 지우게 된다. 먼저 감로주의 바다 지형을 형성한 충돌구(노란 점선 원)가 형성되었을 것이며, 이후 노란색 화살표로 표시한 좀 더 작은 충돌구가 만들어졌다. 어두운색의 현무암질 용암이 흘러 이들 지역을 덮었다. 이후 붉은색 화살표로 예시한 좀 더 뚜렷한 모양을 갖는 충돌구가 형성되었다. Image credit: NASA

을 이루는 회장암질 지각의 생성이며, 그 후 분지를 형성한 충돌이다. 지금은 감로주의 바다가 된 이 충돌구의 대략적 윤곽은 오른쪽 그림의 점선으로 그린 원처럼 추정할 수 있다. 이후 어두운색의 현무암 용암이 흘러 이 분지 내부를 편평하게 덮었는데, 분지 내부와 주변에 형성된 작은 충돌구 중에는 부분적으로 또는 전체가 현무암 용암에 덮인 것들과 그렇지 않은 것들이 있다. 덮인 것은 현무암 용암보다 오래된 것이다. 즉 단순하게 (1) 회장암질 지각 형성, (2) 분지(충돌구) 형성, (3) 분지 내 일부 작은 충돌구 형성, (4) 현무암 용암 분출, (5) 분지 내외에 작은 충돌구 형성으로 이어지는 다섯 단계를 쉽게 인지할 수 있다. 또한 작은 충돌구가 서로 중첩된 경우에

는 무엇이 무엇의 구조를 끊거나 덮고 있는지에 따라 선후 관계 파악이 가능하다. 이런 방법을 달 전체로 확장해 나가면 달 표면 전체의 지질학적 순서가 완성된다.

좀 더 정량적인 방법에는 충돌구 크기-빈도 분포Crater size-frequency distribution, CSFD가 있다. 그림 4-10의 위 두 사진은 아폴로 16호가 궤도를 돌면서 촬영한 달의 바다와 달의 고지대 사진이다. 달의 바다는 상대적으로 충돌구의 밀도가 낮고, 고지대는 높다. 앞서 설명한 것처럼 나이 차이 때문이다. 이 두 지역의 충돌구 크기-빈도 분포를 그리면 그림 4-10의 아래 왼쪽과 같은 그림이 만들어진다. 이 그림에서 크기-분포를 연결한 선은 오른쪽 위로 갈수록 충돌구 빈도가 높고 또 크기도 커짐을 의미하며, 오래된 지역의 특징이다. 젊은 지역일수록 충돌구 빈도도 줄어들고 또 큰 충돌구가 발견될 확률도 낮으므로 분포선이 왼쪽 아래로 내려온다. 달 암석을 가져온 곳에서는 이 그래프의 분포선의 절대연령도 알 수 있다. 최종적으로 자료를 종합하면 시간에 따른 충돌구 생성률의 변화곡선도 구할 수 있다(그림 4-10 아래 오른쪽). 시간이 지남에 따라 충돌구 생성률은 줄어들 것으로 기대된다. 태양계 생성 초기에 형성된 수많은 소행성, 미행성들이 충돌하면서 점차 합쳐져 행성과 위성이 되었기 때문에 시간이 갈수록 당연히 충돌할 소행성, 미행성이 줄어들 것이기 때문이다.

지구 역시 수많은 충돌을 경험했다. 대규모 충돌이나 빈번한 충돌은 당연히 지구 표면의 생명체에게 영향을 주고, 생명체의 탄생, 진화, 멸종에 직간접적으로 관여했을 것이다. 하지만 지구에서

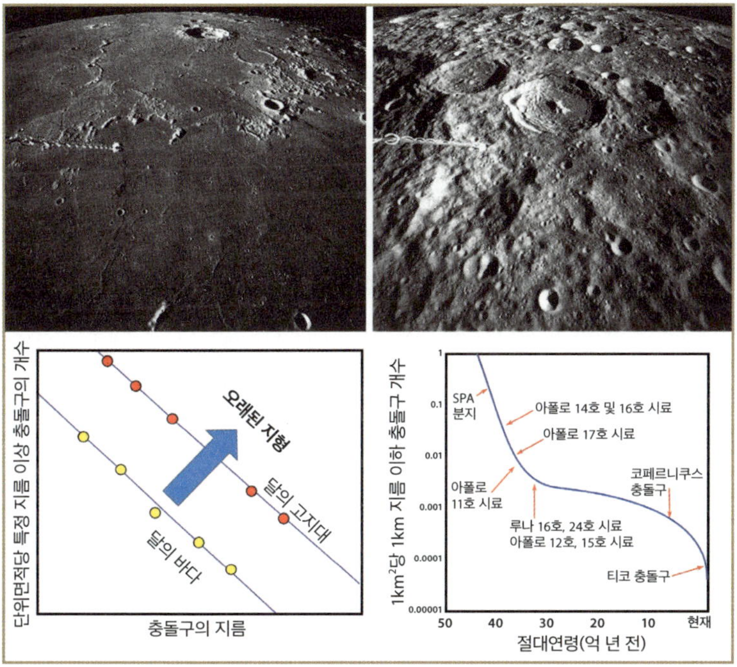

그림 4-10. 달의 바다와 고지대의 충돌구 분포와 충돌구 크기-빈도 분포선의 원리

위 두 사진은 아폴로 16호가 달 주위를 돌면서 촬영한 달의 바다(왼쪽)와 고지대(오른쪽)이다. 충돌구의 개수가 크게 차이 나는 것을 볼 수 있다. 단위 면적당 특정 크기 이하의 충돌구의 개수를 세어 그림을 그리면 왼쪽 아래와 같이 나타난다. 젊은 지형에는 충돌구의 개수도 적고, 크기도 작은 반면(노란색 심볼), 오래된 지형에는 충돌구 개수도 많고, 큰 충돌구도 나타난다(붉은색 심볼). 충돌구 크기-빈도 자료와 절대연령 측정 자료로부터 오른쪽 아래와 같은 상관관계 그림이 그려진다. 이를 이용하면 절대연령 자료가 없어도 충돌구 크기-빈도로부터 그 지형의 나이를 알 수 있다. Image credit: NASA (위쪽 달 사진). 오른쪽 아래는 Newkum et al. (2001) 등의 그림을 간단하게 수정한 것이다.

는 충돌구 생성률을 구할 수 없다. 충돌구가 생성되지 않아서가 아니라 활발한 지질활동으로 거의 대부분 지워져 버렸기 때문이다. 달의 충돌구 생성률 변화는 바로 인접한 천체인 지구에도 그대로 적용될 가능성이 많다. 즉 달의 충돌구 생성사를 연구하는 것은 지구가 경험한 충돌의 역사를 이해하는 가장 좋은 방법이다. 달에서 만든 충돌구 크기-빈도 분포선은 화성과 수성 등 다른 행성의 표면 연령을 추정하는 데도 활용된다. 큰 스케일에서 충돌구 생성률의 변화는 국부적 현상이 아닌 태양계 전체, 적어도 지구형 행성과 달에는 공통된 현상일 가능성이 크기 때문이다.

달의 충돌구는 나이만 다양한 것이 아니라 크기도 매우 다양하다. 앞서 여러 번 언급한 것처럼 추정 지름이 2,500km에 달해 태양계에서 가장 큰 충돌구인 남극-에이트켄분지도 달에 있지만, 지름이 1mm도 안 되는 마이크로 충돌구도 달의 암석과 토양에서 발견된다. 충돌구는 규모에 따라 매우 다양한 모양을 가지며 모든 표본이 달에 전시되어 있다(그림 4-11). 충돌구는 크기가 비교적 작으면 단순한 접시 모양simple crater이지만, 규모가 커지면서 중앙에 산 모양의 돌출이 생긴 형태Central-rebound-peak crater 또는 더 큰 경우 중첩된 둥근 산맥 모양의 돌출이 생긴 형태Peak-ring crater가 만들어진다.

충돌은 태양계 천체의 공통된 현상이며, 충돌구의 생성과 보존은 태양계 모든 고체 천체의 공통된 특징이다. 다만 표면의 활동성에 따라 달과 같이 대부분이 보존된 경우도 있고, 지구와 같이 대부분이 지워진 경우도 있을 뿐이다. 물론 목성과 같은 천체는 충돌 후 매우 빨리 흔적을 지워 버린다. 충돌은 태양계 천체 진화의 가장 중요한 과정이므로 이를 이해하기 위해 달의 충돌구 연구가 필수적이다. 더구나 지구의 경우에는 충돌이 지구 표면 생명체의 탄생, 멸종, 진화에 커다란 영향을 끼쳤을 것이 명확하므로 충돌이 일어난 패

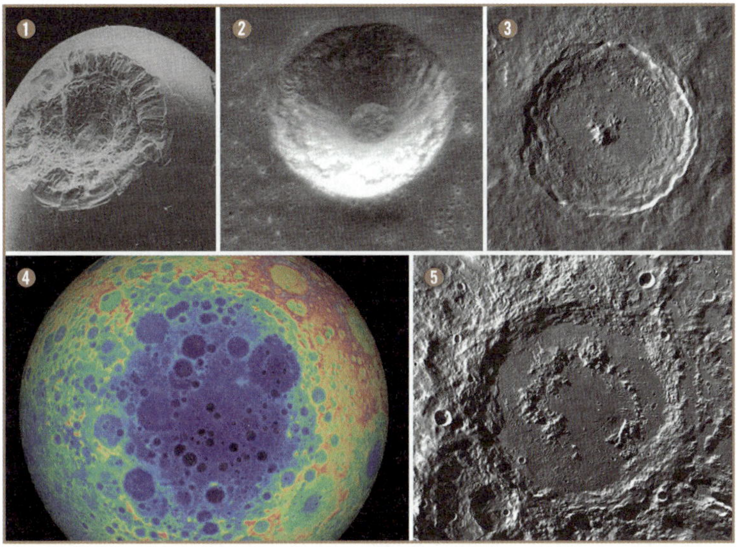

그림 4-11. **달의 다양한 크기와 모양의 충돌구**

왼쪽 위부터 시계방향으로 (1) 마이크로 충돌구(달에서 가져온 작은 암석에서 발견된 1mm도 안되는 크기의 충돌구; (2) 지름 약 9km의 매끈한 접시 모양의 아모니우스(Ammonius) 충돌구, 단순 충돌구라고 한다; (3) 지름 약 98km의 코페르니쿠스(Copernicus) 충돌구이며, 이 정도 크기는 중앙에 돌출된 산(Central-rebound-peak)을 갖는다; (4) 지름 312km인 슈뢰딩거(Schrödinger) 충돌구. 내부에 고리 모양의 산맥(Peak-ring)을 갖는다; (5) 달의 남극에 위치한 태양계에서 가장 큰 충돌구로 알려진 남극-에이트켄분지. 지름이 거의 2,500km로 추정된다. Image credit: NASA.

턴을 이해하는 것은 생명체의 탄생과 진화를 위한 조건을 이해하기 위해서도 필요하다. 특히 지구 입장에서는 달이 태양계 어떤 천체보다 충돌구 생성에 관련된 가장 훌륭한 연구 자료이자 교재이다. 달을 연구해야 할 또 다른 이유이다.

달 표면의 크레이터는 모두 충돌구일까? 달에는 지구와 같은 화산분화구가 없는 것일까? 그렇지는 않지만, 뚜렷한 접시 모양의 구조를 가진 크레이터는 모두 충돌구라고 해도 무방할 것 같다. 단

작은 규모의 화산은 달에도 존재한다. 달에 큰 규모의 화산이나 화산분화구가 없는 이유는 달의 화성활동이 지구와 다르기 때문이다. 화산활동은 조용히 일어나기도 하고, 폭발적인 경우도 있다. 화산분화구는 폭발적 분출이 일어난 흔적이다. 폭발적 분출은 마그마의 점성이 높거나 특히 휘발성 성분이 포함된 경우 일어나며 대표적 휘발성 성분이 물이다. 지구의 경우 마그마가 상승하다 지하수 등 물을 만나는 경우 대규모 폭발이 일어난다. 마그마 온도는 1,000℃ 내외이므로 100℃의 끓는 물은 마그마를 만나면 순간적으로 부피가 수천 배로 증가하여 폭발한다. 여담이지만, 엄청난 양의 물을 천지에 담고 있는 백두산이 분출한다면 근래 보지 못했던 대규모 화산폭발이 될 것으로 우려하는 것도 이런 현상 때문이다. 이처럼 지구에서는 화산폭발에 중요한 역할을 하는 물이 없는 달에서는 강력한 화산폭발이 일어나지 않는다. 물이 없어도 마그마가 분화해 점성이 높아지면 폭발적 분출을 할 가능성이 커진다. 또한 높고 큰 화산이 만들어지려면 점성이 높거나 분출이 반복적으로 일어나야 한다. 하지만 달에서는 점성이 높은 마그마는 대규모로 만들어지지 않기 때문에 소규모의 폭발적 분출만이 일어난다. 대부분 달의 마그마는 점성이 낮은 현무암질 마그마이므로 화산을 만들기보다 달의 바다를 채우는 것처럼 넓게 퍼진다.

모든 달 표면의 지질을 종합하면 달의 지질도가 완성된다. 달의 지질도는 처음에는 앞서 소개한 유진 슈메이커 등이 일부 지역만을 대상으로 작성했지만, 지금은 달의 뒷면을 포함해 달 표면 전체에 대한 비교적 정밀한 지질도가 미국과 중국에서 각각 제작되었

그림 4-12 **달의 지질도**

중국에서 2022년 발간된 달 지질도. Image credit: Ji et al. (2022).

다. 그림 4-12는 중국 과학자들이 작성하여 2022년 발표한 달 지질도이다. 이 외에도 미국 지질조사소USGS가 2020년 발간한 날 동합 지질도Unified Geologic Map of the Moon가 있으며 두 지질도 모두 공개된 자료이므로 인터넷에서 고해상도의 지질도를 받아볼 수 있다.

5장

달의 내부를 들여다보자

지구의 표면과 내부는 서로 다양한 영향을 주고받는다. 지구 표면에서 관찰되는 여러 자연현상, 예를 들어 화산 폭발이나 지진, 산맥·계곡·해양저 등 지형의 형성, 자기장의 변화 등은 지구 내부에 대한 지식 없이는 제대로 이해할 수 없다. 마찬가지로 달을 완전히 이해하기 위해서, 달 표면 특징과 달의 성인을 이해하기 위해서도 달의 내부를 들여다봐야 한다. 물론 거꾸로 표면의 특징을 보면 내부를 해석할 단서가 보이기도 한다. 새로운 과학적 연구와 해석은 기존 정보와 지식의 기반 위에서 출발하므로, 달의 내부를 이해하기 위한 연구는 지구와의 비교가 출발점이 될 수 있다. 지구의 핵, 특히 액체 상태의 외핵은 지구 맨틀에 열을 전달해 지구 표면의 판plate을 움직이고 마그마를 생성해 화산활동을 일어나게 하는 에너지의 원천이다. 외핵의 대류는 거대한 자기장을 형성해 자석으로 남과 북을 구별할 수 있게 해줄 뿐 아니라, 외부에서 들어

오는 고에너지 입자로부터 지구 표면을 보호하고, 극지방의 오로라를 만들기도 한다. 달의 내부도 지구처럼 핵과 맨틀과 지각으로 나누어져 있을까? 만약 그렇다면 달의 핵도 지구처럼 고체 상태의 내핵과 액체 상태의 외핵이 존재할까? 달에도 자기장이 있을까? 지구의 내부구조와 비교하면서 달의 내부구조에 대해 지금까지 알려진 내용을 살펴보자.

고체 천체의 크기와 조성 그리고 구조

태양계 구성원 중에서 지구보다 큰 목성, 토성, 천왕성, 해왕성 등은 주로 기체 또는 액체로, 지구와 그보다 작은 천체는 주로 고체로 이루어져 있다. 이 책에서는 편의상 후자를 고체 천체로 부르며, 지구형 행성, 위성, 소행성, 혜성 등이 모두 여기에 포함된다. 이들은 주로 규산염광물silicate minerals, 금속 철metallic irons 그리고 얼음이 주성분이며 상대적인 비율은 대략 태양으로부터 거리에 따라 달라진다. 물론 이 외에도 천체의 크기 등 다양한 요소에 따라 조성이 달라질 수 있다. 지구는 규산염 광물과 금속 철이 주성분이다. 태양에 가까울수록 금속 철이 차지하는 비율이, 멀어질수록 얼음이 차지하는 비율이 커지는 것이 대략적인 경향이다. 이 세 성분이 차지하는 비율은 천체의 밀도에 반영된다. 같은 물질로 이루어졌어도 규모가 클수록, 즉 무거울수록 중력 때문에 압축되어 밀도가 커지므로, 이런 효과를 제거한 비압축 밀도uncompressed density를 비교하는 것이 구성성분을 유추하는 데 편리하다. 비압축 밀도란 압력에 의한 효과를 제거했을 때의 밀도, 지하에서 압력에 의해 눌려 있는 물질을 지표면으로 가져와 측정한 밀도로 생각하면 된다. 물론 실제 가져오는 것은 아니고 계산으로 구한다. 수성, 금성, 지구, 화성의 비압축 밀도는 각각 5.3, 4.4, 4.4, 3.74g/cm^{3}이다. 즉 수성이 가장 크고, 금성과 지구는 중간으로 같고 화성이 가장 작다. 이로부터 이 네 행성에서 철질 핵이 차지하는 부피와 질량이 이런 순서일 것으로 유추할 수 있다. 달은 비압축 밀도가 3.3g/cm^{3}로서 이들 네 행성에 비해서는 매우 작은 크기의 철질 핵을 가진 것으로 보인다.

물론 비압축 밀도 차이를 핵의 크기로 해석하기 위해서는 고체 천체가 지구처럼 핵과 맨틀 등으로 분화된 천체라는 가정이 먼저이다. 콘드라이트chondrites는 태양계 성운에서 형성된 고체 물질을 대표하며, 지구형 행성 등 고체 천체를 만든 재료라고 생각되는 시원적 운석primitive meteorites이다. 콘드라이트에는 규산염광물과 금속 철이 분리되지 않고 섞여 있다. 이런 물질이 모여 큰 규모의 소행성 이상으로 커지거나 나아가 행성 크기로 성장하면, 태양계 생성 초기에는 충돌에너지와 단반감기 방사성동위원소(6장 참조) 붕괴에 의한 에너지 등으로 충분히 암석을 녹일 만큼의 열을 축적할 수 있다. 온도가 충분히 올라가면 규산염질 마그마와 철질 마그마가 생성되고 이 둘은 마치 물과 기름처럼 서로 섞이지 않고 분리된다. 고체 천체의 전부 또는 대부분이 녹게 되면, 분리된 마그마 중 무거운 철질 마그마는 아래로 내려가 핵을 형성하고 위로 떠오른 규산염질 마그마가 맨틀이 된다.

원소마다 좋아하는 물리적 상태와 화학조성이 있다. 철질 마그마로 들어가는 성분을 친철원소siderophiles, 규산염질 마그마로 이동하는 성분을 친석원소lithophiles라고 한다. 이 외에도 황을 좋아하는 친황원소chalcophiles, 기체로 남기 좋아하는 친기원소atmophiles 등이 있다. 친기원소는 휘발성원소volatiles라고도 한다. 금, 백금, 이리듐 등이 대표적 친철원소이며 대부분 철을 따라 핵으로 내려갔다. 원래도 양이 적은 원소들인데 대부분이 핵으로 이동했으므로 지구 표면에서는 더 희귀한, 그래서 더 값비싼 원소들이다. 이처럼 화학성분의 물리적 분리가 일어난 천체를 분화된differentiated 천체라고 한다.

규산염광물의 밀도는 3g/cm^3 내외이고, 순수한 철은 8g/cm^{3}에 가깝다(표 4-1 참조). 핵을 이루고 있는 물질의 비압축 밀도는 철 외에 어떤 물질을 얼마나 포함하고 있는지에 따라 달라진다. 니켈이 포함되면 밀도가 조금 올라갈 것이고, 황, 산소, 수소는 밀도를 낮춘다. 광물의 밀도와 행성의 밀도를 단순 비교해 봐도 수성을 만들기 위해서는 금속 철이 많이 필요하고, 달은 규산염광물에 철을 조금만 첨가하면 된다는 것을 알 수 있다. 규산염 물질(맨틀+지각)의 밀도를 3.2로, 철질 핵을 7.2로 가정해 아주 단순한 계산을 해보면, 수성, 금성, 지구, 화성, 달에서 핵이 차지하는 질량은 각각 53%, 30%, 30%, 14%, 2%가 구해지는데, 좀 더 정밀한 계산으로 구한 값과 크게 다르지 않다. 지구의 핵은 전체 질량의 32.4%를 차지하고 있으며, 달의 핵은 전체 질량의 1~2% 정도를 차지하고 있을 것으로 추정하고 있다. 질량으로부터 크기(부피 또는 반지름)를 계산할 수 있다(그림 5-1). 이런 논리로 탄성파 탐사 자료 등에 의한 구체적 정보 없

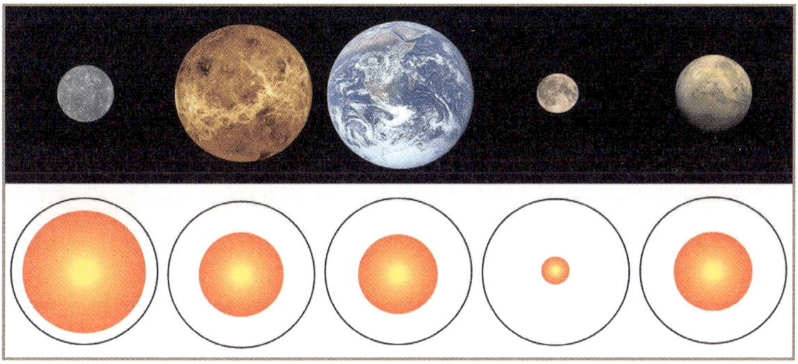

그림 5-1. **지구형 행성과 달의 상대적인 크기(위)와 상대적인 핵의 크기(아래)**
지진파(탄성파) 탐사를 이용하면 정확한 크기와 구조를 알 수 있지만, 밀도만으로도 핵의 대략적인 크기는 유추할 수 있다. 그림에서 내핵과 외핵은 구분하지 않았다. Image credit of upper row: NASA.

이도, 달은 철질 핵이 없거나 매우 작은 크기일 것으로 추정했다.

세 번째 주성분인 얼음(밀도 약 $0.92g/cm^3$)이 들어가면 고체 천체의 밀도가 크게 낮아질 수 있다. 목성과 토성의 위성 중에는 밀도가 $2g/cm^3$ 이하인 것이 많은데 이는 얼음이 많이 포함되어 있기 때문이다. 이 중에는 가니메데, 유로파, 미마스Mimas처럼 모행성의 조석력에 의한 열로 내부의 얼음이 녹아 표면의 얼음층 아래에 바다를 갖는 위성도 있다. 이와 달리 크기가 작아 정역학적 평형을 이루지 못한 불규칙한 모양의 위성이나 소행성은 얼음이 없어도 밀도가 낮은 경우가 많다. 단단히 다져지지 못해 내부에 비어 있는 공간이 많기 때문이다. 이처럼 밀도로부터 천체의 구성물질 비율은 대략 파악할 수 있다. 하지만 밀도만을 이용한 위의 계산은 핵이 존재한다고 가정한 것이며 실제 분화된 천체인지를 포함해 핵의 존재 여부와 크기, 핵의 상태 등을 알기 위해서는 다른 물리적 관측이 필요하다.

지구의 구조와 내부를 보는 방법

지구를 화학조성에 따라 크게 둘로 나누면 주로 철 성분인 핵과 규산염광물로 구성된 맨틀+지각으로 구분할 수 있다. 맨틀+지각을 규산염 지구silicate earth라고도 부른다. 핵의 조성은 고체 태양계의 평균 조성과 규산염 지구를 비교하고, 핵의 물리적 특징에 부합되는 화학조성을 실험 등을 통해 검토하여 추정한다. 핵은 주성분인 철 외에 수 %의 니켈과 소량의 황과 산소 등을 포함하며 금, 이리듐 같은 친철원소도 미량 포함되어 있을 것이다. 그 바깥쪽을 주로 감람암질 조성의 암석이 둘러싸고 있으며, 이를 맨틀이라 부른다. 마지막은 가장 겉 부분에 있는 얇은 껍질로, 맨틀보다는 좀 더 가볍고 조성과 생성 과정이 매우 다양한 암석으로 이루어져 있는 층인 지각이다.

지각의 두께는 대륙에서 평균 35km 정도이며, 해양 지각은 5km 정도이다. 해양 지각은 주로 현무암으로 이루어져 있으며, 표면은 육지에서 공급되거나 바다에서 침전한 물질로 이루어진 퇴적층으로 얇게 덮여 있다. 대륙 지각은 매우 다양한 화성암, 변성암, 퇴적암으로 이루어져 있으며, 해양 지각보다 더 분화한 물질이고 평균 밀도가 더 낮다.

맨틀mantle은 '둘러싸고 있는 것'이란 의미이다. 어깨에 두르는 의복인 망토manteau라는 뜻도 갖고 있으며 어원이 같다. 핵을 둘러싸고 있는 맨틀은 두께가 약 2,880km이며 지구 전체 질량의 67%를, 부피의 83%를 차지한다. 전체의 화학조성은 큰 규모에서 대략

읽어보기 5-1.

행성의 지름 혹은 반지름

행성 또는 위성의 크기를 표현할 때 지름을 사용하기도 하고 반지름을 사용하기도 한다. 반지름과 지름은 1:2 관계이므로 사실 어떤 것을 사용하든 상관이 없지만, 혼란을 피하기 위해 일관되게 둘 중 하나만을 사용하는 것이 좋다. 하지만 천문학자들은 보통 지름을, 지질학자나 지구물리학자들은 반지름을 주로 사용한다. 천체를 어떻게 바라보느냐의 차이 때문이다. 천문학자들은 우주에 떠 있는(?) 천체를 보기 때문에 원으로 본다. 굳이 반으로 자를 필요 없이 크기를 지름으로 표현하는 것이 편리하다. 하지만 지구의 표면부터 내부를 보는 지질학자와 지구물리학자는 중심까지의 거리, 즉 깊이를 보기 때문에 최대 깊이인 반지름까지만 의미가 있다. 지구가 아닌 다른 천체의 깊이에 따른 구조를 논할 때도 마찬가지이다. 이런 이유로 이 책에서는 외부에서 보는 천체 전체를 설명할 때는 지름을, 천체의 표면부터 내부를 설명할 때는 반지름을 사용하고 있다.

균질하지만, 압력 차이 때문에 깊이에 따라 광물의 구조와 밀도는 달라진다. 이로부터 하부 맨틀lower mantle과 상부 맨틀upper mantle을 구분하고 그 중간을 전이대transition zone라고 한다. 전이대의 깊이는 약 670km이다. 최근 연구에 의하면 맨틀과 핵의 경계부는 꽤 복잡한 모양을 하고 있다. 마치 맨틀 위에 복잡한 모양의 대륙 지각이 놓여 있듯, 핵과 맨틀의 경계에도 다양한 모양과 크기의 물성이 주변과 다른 물질이 존재한다. 대표적으로 거대 저속도 지대large low-velocity provinces는 아프리카 대륙과 태평양 하부에 존재하는 수천 km의 폭과 최대 천 km에 달하는 높이를 가진 거대 구조이다.

지구 가장 안쪽에 자리한 고체 상태의 내핵inner core은 액체 상태인 외핵outer core이 둘러싸고 있다. 내핵의 반지름은 1,220km이며, 외핵의 두께는 2,260km이므로 전체 핵의 반지름은 3,480km이다. 지구가 핵과 맨틀로 분리되었을 때 핵은 거의 전체가 액체 상태였을 것이며, 서서히 식어가면서 철질 마그마에서 정출한 금속이 가라앉아 중심부에 모여 있는 것이 내핵이다. 외핵이 식어가면서 맨틀로 방출하는 열은 맨틀을 움직이고 맨틀 상부에서 마그마를 생성하기도 한다. 또한, 지표면의 판이 움직여 지구 표면에 다양한 지질 활동이 일어나게 하는 원동력이 된다. 언젠가는 모든 핵이 고체로 변할 것이며, 그때 지구는 지질학적으로 죽은 행성이 될 것이다. 반지름만 보면 내핵이 제법 큰 것 같지만, 구의 부피는 반지름의 세제곱에 비례하므로, 핵 반지름의 1/3이 조금 넘는 내핵의 부피는 1/27이 조금 넘는 정도이므로 전체 핵의 부피의 4% 남짓이다. 즉 지구의 핵은 고작(?) 4%만 정출한 상태라고 할 수 있다. 따라서 앞으로 꽤 오랜 기간 핵은 맨틀에 열을 공급할 것이며, 꽤 오랜 기간 지구는 지질 활동을 활발히 이어갈 것이다.

지구가 이런 층상 구조(자세히 살펴보면 훨씬 더 복잡한 구조)를 가지고 있다는 사실은 여러 지질학적·지구물리학적 관찰과 실험으로 밝혀졌으며, 깊은 곳을 보는 데 가장 중요한 역할을 한 것은 지진파(탄성파) 탐사와 연구이다. 이 외에도 중력탐사, 지열류량 측정을 포함한 다양한 지구물리학적 방법이 사용되지만, 지진파의 역할이 가장 핵심이다. 지진파로 지구 내부를 들여다보는 방법은 의료목적으로도 널리 사용되는 흔히 CT란 약자로 잘 알려진 컴퓨터단층촬영

Computed Tomography과 비슷한 면이 있다. 둘 다 소스source에서 발생하여 물체를 통과하면서 변화한 신호(CT에서는 X-선)를 검출기가 읽는 것이다. 단층 등에 의해 충격이 생기면 모든 방향으로 진동이 퍼져나간다. 먼 곳까지 전달되면서 흔들림은 점점 미약해져 우리는 느끼기 힘들게 되더라도 지진계는 매우 예민하기 때문에 지구 반대쪽에서 출발한 지진파까지도 검출할 수 있다. 지진파는 통과하는 매질의 물성이 변하면 속도와 경로가 변하고, 빛이 서로 다른 종류의 물질의 경계에서 굴절되고 반사되는 것처럼 지진파도 굴절과 반사가 일어난다(그림 5-2). 지표면 곳곳에 설치된 지진계에 도달한 지진파의 정보를 종합하여 CT 영상같이 지구 내부의 단면도가 만들어진다. 지진파는 크게 P파, S파, L파 등으로 나눌 수 있다. L파는 표면파이며, 지구 내부를 통과해 먼 곳까지 전파되는 것은 P파와 S파이다. 이 중 S파는 액체는 통과하지 못한다. 액체를 통과하지 못하는 S파의 특성 때문에 S파가 검출되지 않는 반대편에는 S파 음영대S-wave shadow zone가 생기며, 지구의 외핵이 액체라는 것을 확인하는 데는 이런 S파의 특성이 역할을 했다(그림 5-2). S파가 액체를 통과하지 못하므로 외핵이 액체라는 것을 확인했다면, 그 안에 있는 내핵이 고체라는 사실은 어떻게 확인할 수 있을까? 이 역시 지진파의 경로를 연구하거나, 지진 등에 의해 발생하는 지구 전체 장주기 진동(자유진동, free oscillation) 분석을 통해서 알 수 있다. 외핵을 통과하는 P파를 K파라고 하고, 내핵을 통과하는 P파와 S파를 각각 I파, J파라고 한다. P파와 S파는 서로 전이가 일어날 수 있다. 만약 P파가 맨틀-외핵-맨틀을 통과해 검출된다면 PKP파라고 한다. 맨틀-외핵-

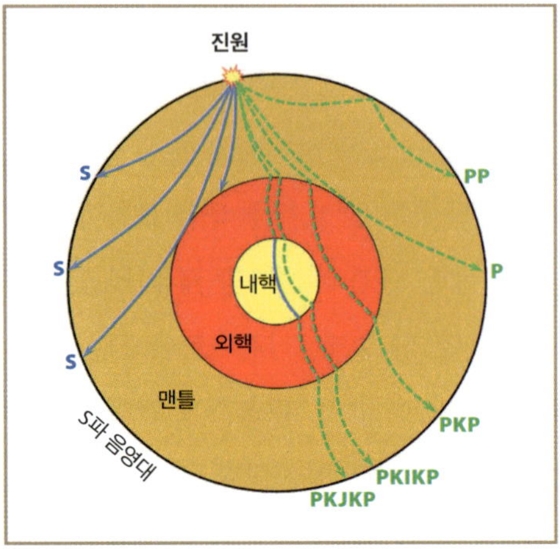

그림 5-2. 지구 내부 탄성파의 전파

P파(초록색 점선)는 고체와 액체를 모두 통과하지만, S파(파란색 실선)는 액체인 외핵을 통과하지 못하기 때문에 진원 반대편에 음영대가 생긴다. PKP파는 맨틀-외핵-맨틀 경로의 P파를, PKIKP는 맨틀-외핵-내핵-외핵-맨틀 경로의 P파를 의미한다. 만약 내핵을 S파로 지나왔다면 PKJKP가 된다. 지진파의 경로가 곡선인 이유는 내부로 가면서 계속 밀도가 변하기 때문이다. 연속적인 굴절이 일어나는 것과 마찬가지이다. 복잡함을 피하려고 왼편에는 S파만, 오른편에는 P파만 나타냈다. 탄성파 경로를 설명하는 이미지(예: https://s-ink.org/seismic-wave-travel-paths)를 사용하여 소폭 수정하고 영문 일부를 한글로 바꾼 그림이다.

내핵-외핵-맨틀의 경로를 P파로만 지나온다면, PKIKP파가 되고, 만약 내핵을 S파로 지나왔다면, PKJPK파가 되는데, 이런 지진파의 검출은 내핵이 고체라는 증거이다(그림 5-2). 같은 연구 기법이 달에는 물론이고, 미래에는 화성 등 다른 고체 천체에도 적용될 수 있다.

달의 내부구조

앞서 설명한 것처럼 달의 낮은 밀도, 그리고 마그마의 바다를 지시하는 회장석(칼슘-사장석)이 풍부한 달의 지각 등 정보를 종합하면 달은 상대적으로 작은 철질 핵을 가진 분화된 천체일 것으로 추측할 수 있다. 먼저 4장에서 살펴본 것처럼 달의 지각에 풍부한 회장석이 마그마의 바다를 지시한다면, 달 생성 초기에 존재했던 마그마의 바다는 얼마나 깊었을까? 회장석이 풍부한 지각의 부피를 구하고 이로부터 이 정도 양의 회장석 지각을 만들기 위해 어느 정도 부피의 마그마가 필요한지 계산할 수 있을 것이다. 아직은 정보가 제한적이므로 정확한 계산은 쉽지 않다. 우선 지각의 두께를 알아야 한다. 물론 아폴로 우주인이 설치해 둔 지진계 자료가 도움이 된다. 그러나 뒤에서 살펴보겠지만 제한적인 장소에 설치된 까닭에 달 전체의 지각 분포를 파악하기에는 한계가 있다. 달 전체의 지각 두께는 NASA의 쌍둥이 궤도 탐사선 GRAIL이 얻은 달 중력 분포에서 구할 수 있으며 평균 약 40km로 추정된다. 이 정도 두께의 지각을 만드는 데 필요한 마그마 바다의 깊이는 초기 마그마 조성에 대한 가정, 달 지각에 포함된 회장석의 비율, 회장석이 마그마에서 효율적으로 분리되어 지각에 포함된 비율 등에 따라 계산 결과가 달라진다. 따라서 학자마다 다른 모델을 제시하는데, 추정된 마그마 바다의 깊이는 최소 340km에서 최대 1,000km 이상이다. 마그마의 바다는 달의 맨틀 깊은 곳에 감람석과 휘석이 풍부한 층을, 위로는 회장석이 풍부한 지각을 만들었고, 이후 달의 바다를 만든 현무암질 마그마를 분출하면서 서서히 식어 갔을 것이다. 달 암석에 대한 연대측정결과는 달의 마그마 활동이 약 30억 년 전까지 활발하게 이어졌으며 일부 20억 년 전까지도 마그마가 남아 달 표면으로 분출했음을 보여 준다.

달 지각의 두께 외에도 맨틀의 깊이, 외핵과 내핵의 존재 여부와 깊이 등 달의 내부 더 깊은 곳을 자세히 들여다보기 위해서는 지진파의 도움이 필요하다. 지구에서 지진파를 이용해 내부를 연구할 수 있는 이유는 끊임없이 크고 작은 지진이 일어나기 때문이다. 물론 발파 등을 이용해 인공적으로 지진파를 만들 수 있지만, 지구 반대편까지 전파되어 내부구조를 연구할 정도의 규모로 인공 지진을 만드는 것은 아마 용납되지 않을 것이다. 고체지구의 최상부를 나누고 있는 판plate의 상대적인 움직임과 화산폭발 등에 의해 지구에서는 지진이 끊임없이 일어나므로 이때 발생하는 지진파를 검출하여 지구 내부구조를 연구한다. 하지만 달에는 판이 없으므로 당연히 판의 움직임도 없고, 대규모의 폭발적 마그마 활동도 없으므로 지구와 같은 원인에 의한 달 지진(읽어보기 3-2)은 기대하기 힘들다. 그러나 여러 번 강조한 것처럼 대기가 없는 달의 표면에는 계속해서 크고 작은 충돌이 일어나 지진을 일으키기도 하고, 지구 조석력의 영향 등으로 지하 깊은 곳에서 지진이 발생하기도 한다. 이를 이용하면 달에서도 지진파를 이용한 내부구조 연구가 가능하다.

따라서 달에서 지진파를 검출하고 이로부터 달의 내부를 들여다보기 위해 아폴로 우주인이 달에 지진계를 가져가 설치한 것은 당연한 결정이다. 지진은 과학자가 원하는 시기에 일어나는 것이 아니므로 아폴로 우주인은 달에 지진계를 설치하고 돌아왔다. 지진계는 홀로 대기하고 있다가 지진이 기록되면 지구로 신호를 보낸다. 이를 위해 장기간 장비를 가동할 수 있는 전력이 필요하다. 아폴로 11호의 지진계는 2개의 태양 전지 패널에 의해 구동되었으므로(그림 5-3) 달의 낮 동안에만 작동했다. 영하 170°C까지 떨어지는 밤의 추위로부터 장비를 보호하기 위해 방사성동위원소 히터를 사용했다. 하지만 장비는 한낮의 뜨거운 온도를 버티지 못하고 3주 만에 작동을 멈췄다. 이 기간에 지진계는 운석 충돌에 의한 것으로 보이는 달 지진을 100회 이상 기록해 달 내부구조를 볼 수 있는 최초의 지진파 자료를 보내왔으며, 작동이 단기간에 멈춘 원인을 분석하여 이후 12호 등이 가져간 지진계의 보완 설계에 중요한 단서를 제공했다. 아폴로 12호가 가져간 지진계부터는 밤의 초저온뿐 아니라 낮의 뜨거운 태양열로부터도 장비를 보호할 수 있도록 열 차폐에 신경 썼으며, 소형 원자력 전지를 이용해 밤에도 장비를 구동할 수 있게 되었다. 아폴로 12, 14, 15, 16호가 착륙지점에 설치한 더 발전된 달 지진계는 1977년 9월 작동을 중지시킬 때까지 지구로 자료를 보내왔다. 여기에는 7,000개 이상의 달 내부 지진 기록과 1,700번 이상의 (운석) 충돌이 만든 흔들림이 포함되어 있으며, 9번의 인공 지진도 있다. 인공 지진은 임무를 마치고 궤도에 버려진(?) 로켓, 달 착륙선, 궤도 탐사선 등이 달 표면에 충돌하여 발생한 것이다. 당시에도 물론 달 지진계가 보내온 자료로부터 달의 내부구조를 해석했지만, 최근에는 크게 개선된 컴퓨터 성능과 현대적 자료 처리 방법을 이용하여 아폴로 지진계의 자료를 재분석했고 이로

그림 5-3. **아폴로 11호 지진계(왼쪽)와 아폴로 지진계 설치 장소(오른쪽)**

아폴로 11호의 지진계는 사진에서 양쪽으로 펼쳐진 2개의 태양 전지 패널에서 생산한 전력으로 가동되었으므로 낮 동안에만 동작했다. 중앙의 구리색 원통 내에 지진계가 들어 있다. 이후 개선된 지진계가 설치된 아폴로 12(+14), 15, 16호의 위치는 거의 정삼각형을 이루고 있어 지진 신호 해석에 적합하게 배치되어 있지만, 상대적으로 좁은 곳에 집중되어 있어 달 전체의 구조를 해석하는 데는 한계가 있다. NASA 이미지를 사용해 제작했다. Image credit: NASA

부터 달 내부구조를 좀 더 세밀하게 이해할 수 있게 되었다. 아폴로 우주인이 설치한 달 표면의 지진계는 거의 정삼각형 모양의 이상적인 배치를 하고 있다(그림 5-3). 하지만 삼각형의 크기가 작아, 즉 지진계 설치 장소 사이 거리가 달의 크기에 비해 짧아서 깊은 곳, 특히 반대편에 대한 해상도는 떨어질 수밖에 없다. 향후 지진계 설치 장소 선정에는 이러한 점이 고려되어야 한다. 달의 폭넓은 지역에 지진계를 설치하는 것은 한 국가가 수행하기에 벅찬 작업이므로 대표적으로 국제협력이 논의되고 있는 분야 중 하나이다.

그림 5-4는 아폴로 지진계를 새로 분석한 최근의 연구결과로 구한 달 내부 지진파 구조를 단순화한 그림이다. 지각에서 맨틀로 가면서 지진파 속도가 크게 증가하는 것을 볼 수 있다. 이는 암석

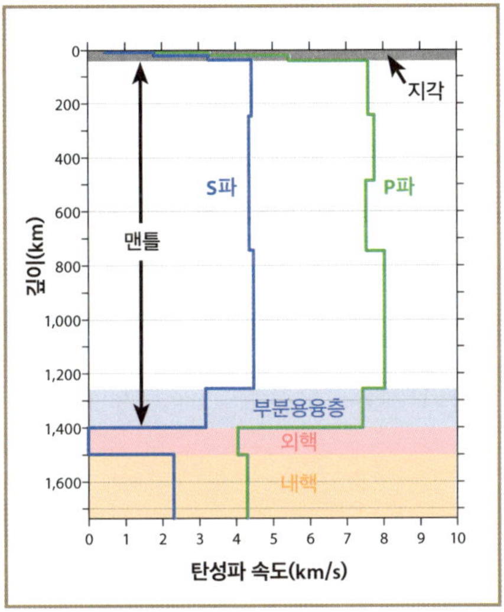

그림 5-4. **달의 지진파 구조**

지구와 달리 하나의 층 내에서 깊이에 따른 속도 변화는 거의 없다. 중력이 낮아서 깊이에 따른 밀도 증가가 크지 않기 때문이다. 지각에서의 속도 변화는 지각 표층부로 갈수록 파쇄가 심하게 일어나 공극이 크기 때문일 것이다. 맨틀 하부에서 P파와 S파의 속도가 모두 떨어지는 구간은 부분용융으로 해석한다. 외핵에서는 S파가 전파되지 않으므로(속도 0), 액체 상태임을 알 수 있다. 'Weber et al. (2011) Science' 등의 그림을 바탕으로 단순화해 수정한 것이다.

의 순수한 밀도 차이도 있지만, 달의 지각이 표층으로 갈수록 심하게 파쇄되어 공극이 많아 치밀한 암석보다 속도가 느리게 나타나는 것이 더 중요한 요인이다. 일단 맨틀로 들어가면 지진파의 속도가 깊이에 따라 크게 변화하지 않는다. 중력이 작아 깊이에 따른 밀도 변화, 즉 압축 효과가 그리 크지 않기 때문이다. 약 750km에서 P파 속도가 조금 증가하는 것을 볼 수 있는데, 맨틀 구성물질의 조성 변화를 의미할 수도 있다. 만약 그렇다면 마그마 바다에서의 결정작용이 만든 층상 구조와 관련이 있을 수도 있다. 하지만 아폴로 지진계의 한계로 인해 확실한 결론을 내리기는 어렵다고 한다. 약 1,250km 깊이의 하부 맨틀에서 P파와 S파의 속도가 모두 갑자기 감소하는 것을 볼 수 있다. 암석을 이루고 있는 특정 광물 일부가 녹아 있는 부분용융partial melting 지대가 존재할 것으로 추정하는 이유이다. 아폴로 지진계의 자료를 다시 검토하기 전에는 기대하지 않았던 다소 놀라운 결과이다. 이 지역의 지진파를 포함한 물리적 특성은 앞으로 달을 연구할 지구물리학자의 중요한 연구과제 중 하나이다. 외핵으로 들어가면 P파의 속도는 떨어지고 S파는 통과하지 못하며, 내핵에서 다시 P파의 속도는 조금 올라가고 S파도 다시 나타나 각각 액체와 고체 상태임을 알 수 있다.

그럼 이런 지진구조 연구를 가능하게 하는 지진은 어디에서 왜 일어나는 것일까? 지구의 경우 대부분 지진이 판과 판의 경계에서 일어나며, 잘 알려진 것처럼 불의 고리ring of fire라고 불리는 태평양 주변부가 대표적인 예이다. 이곳에서는 태평양판Pacific plate이 유라시아판Eurasia plate 또는 북미판North American plate 등 주변의 다른 판과 충돌하며, 해양 지각을 포함한 암석권lithosphere이 대륙 지각 또는 다른 해양 지각을 포함한 암석권 밑으로 섭입subduction한다. 당연히 암석이 암석 밑으로 들어가는 섭입이 부드럽게 일어나는 것은 아니며, 힘이 응집되었다가 특정 장소에서 갑작스러운 움직임이 생길 때 지진이 발생한다. 섭입대subduction zone에서는 화산활동도 활발하게 일어나므로 불의 고리라고 불린다.

지진이 일어난 장소를 지칭할 때 진앙epicenter과 진원hypocenter이란 용어가 사용된다. 지진이 일어난 지점이 진원이며, 일반적으로 지진은 지하에서 발생하므로 지진이 발생한 진원의 직상부 표면을 진앙이라고 한다. 지진이 일어난 지점을 지도 위에 표시한 점들이 진앙이라고 생각하면 된다. 진원은 이 지점에서 지하로 들어가야 한다. 진원의 깊이에 따라 지구에서 일어난 지진은 천발 지진shallow earthquake과 심발 지진deep earthquake으로 구분하기도 한다. 지구에서 천발 지진은 심도 70km보다 얕은 곳에서, 심발 지진은 지하 300km보다 깊은 곳에서 발생한 지진을 지칭한다. 그 중간 70~300km는 중발 지진intermediate earthquake이라고 한다. 지구 지진의 대부분은 천발 지진이다.

그럼 달 지진은 어디에서 일어날까? 판이 존재하지 않으므로 당연히 판의 경계가 없어 진앙이 특정 장소에 집중되는 현상은 없으며, 아직은 지진이 일어난 깊이만이 의미를 갖는다. 앞으로 더 정밀한 연구가 진행되면 진앙의 위치로부터 구조적인 해석이 가능할 수도 있겠지만, 현재까지는 지구를 향한 앞면에 집중되어 있다는 것이 진앙 분포에 관한 주요 특징이다. 하지만 이는 단순히 앞면에 설치한 지진계로는 뒷면에서 발생해 핵을 통과한 지진파를 제대로 검출하지 못했기 때문일 수도 있다.

달 지진계에 도착한 지진의 출발점, 즉 진원은 깊이에 따라 크게 표면, 천발, 심발로 구분할 수 있다. 표면에서 발생한 달 지진은 달 착륙선 등 인공물 또는 운석, 혜성과 같은 자연물의 충돌에 의한 지진이다. 지진은 도착 지점, 즉 지진계에 도달한 신호만을 가지고 출발 지점, 발생 시간, 지나온 경로 등을 해석해야 한다. 달 착륙선 등의 충돌에 의한 인공 지진은 9번에 불과하지만, 충돌 지점과 경우에 따라서는 충돌이 일어난 시간까지도 정확히 알기 때문에 해석에 필요한 변수가 줄어들어 활용 가치가 높은 자료이다. 자연 충돌의 경우 1,700회 이상이 검출되었으며 추정된 충돌체의 질량은 최대 100kg 정도라고 한다. 내부에서 발생한 지진 중 천발 지진은 매우 드물어서 총 28회만이 천발 지진으로 확인되었다. 정확한 깊이에 대해서는 논란이 있으며 대략 200km 내외 또는 이보다 더 낮은 깊이에서 발생한 것으로 추정한다. 심발 지진은 7,000회 이상으로 가장 많이 기록된 지진이며 대략 700~1,200km 깊이에서 발생한 것으로 추정한다. 심발 지진이 발생하는 이유는 크게 지구의 조석력의 영향 또는 외핵을 둘러싼 부분용융 지대와 관련이 있는 것으로 보이지만 정확한 원인 규명을 위해서는 추가 연구가 필요하다.

내부를 들여다보기 위해서는 지진파 연구가 대표적이지만 이외에도 다양한 지구물리학적 연구가 도움이 된다. 달 표면에는 아폴로와 루나 프로그램으로 설치한 총 5대의 레이저 반사경Laser Ranging Retroreflector이 서로 떨어진 위치에 자리하고 있어 지구와 달의 거리를 정밀하게 측정할 수 있을 뿐 아니라 달 표면 모양의 변화도 측정할 수 있다. 이로부터 지구의 조석력에 어떻게 달의 표면이 반응하는지를 연구하여 달의 내부구조를 해석하는 데 필요한 정보를 추가로 얻을 수 있다. 아폴로 우주인이 설치한 달 표면 자력계lunar surface magnetometer 역시 내부구조에 대한 정보를 제공한다. 달에는 현재 자기장이 없지만, 달이 지구의 자기장에 어떻게 반응하는가에 따라, 달의 철질 핵과 맨틀 내 자화 물질 분포 등을 연구할 수 있다.

달 표면에서 또는 원격탐사를 이용한 모든 연구가 달의 표면

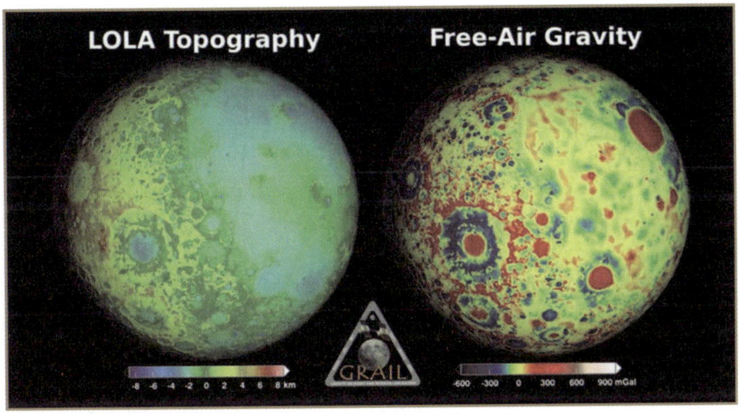

그림 5-5. **달의 지형(왼쪽)과 프리에어 중력이상(오른쪽)**
높은 지형은 프리에어 중력이상이 음의 값을, 낮은 지형은 양의 값을 갖는 것을 볼 수 있다. Image credit: NASA.

뿐 아니라 내부에 대해 크고 작은 정보를 제공했지만, 지각의 두께 및 두께 분포를 이해하게 된 것은 GRAIL 자료의 역할이 가장 중요하다. 중력은 지하에 있는 물질의 질량에 따라 달라진다. 즉 밀도가 큰 물질이 있으면 이는 양의 중력이상gravity anomaly으로 나타난다. 하지만 고도가 높다면 같은 밀도의 물질로 이루어져 있어도 양이 많으므로 질량이 증가해 중력이상이 나타난다. 고도에 의한 효과를 제거해야, 즉 평탄한 표면을 가정해야 중력이상으로부터 지하 물질의 밀도 차이를 알 수 있다. 고도에 의한 효과를 제거하는 것을 프리에어 보정free-air correction이라고 하고, 프리에어 보정 후 나타나는 중력이상을 프리에어 중력이상free-air anomaly이라고 부른다. 다른 변수가 없다면 양의 값이면 밀도가 큰 물질이, 음이 값이면 밀도가 낮은 물질이 지하에 존재한다는 것을 지시한다. 그림 5-5는 달의 지형 고

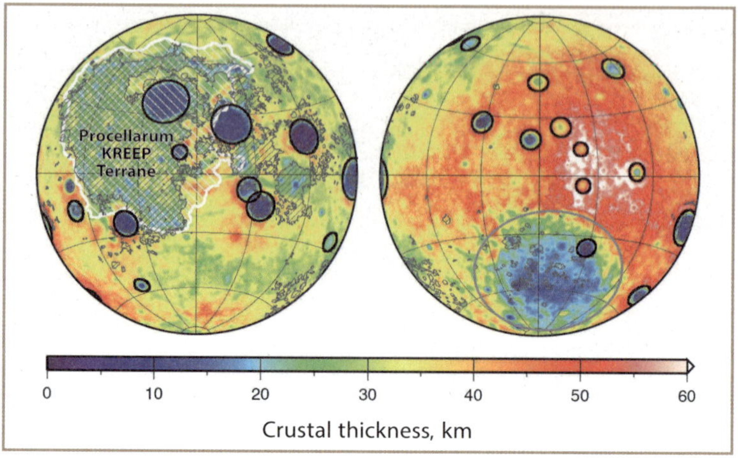

그림 5-6. **달 지각의 두께**

앞면(왼쪽)과 뒷면(오른쪽)이 심하게 비대칭인 것을 볼 수 있다. Image credit: NASA/JPL-Caltech/S. Miljkovic.

도와 프리에어 중력이상도이다. 두 이미지는 같은 방향이며, 대략 왼편 절반이 달의 뒷면, 오른편 절반이 달의 앞면이다. 지형과 프리에어 중력이상이 서로 반대인 것을 볼 수 있다. 고도가 높은 고지대가 프리에어 중력이상 음의 값을, 바다와 충돌구 내부를 포함하여 고도가 낮은 지역은 양의 값을 갖는다. 현무암이 회장암보다 밀도가 높지만 이것만으로는 중력값 차이를 설명하기에 불충분하다. 밀도가 더 높은 물질이 달의 바다 지하에 있어야 한다. 가장 단순하면서도 타당한 설명은 양의 중력이상을 갖는 곳은 맨틀이 다른 지역보다 높게, 즉 지표 가까이 올라와 있다는 것이다. 다른 말로 이런 곳은 지각이 얇다. 이런 논리로 프리에어 중력이상으로부터 지각의 두께를 계산할 수 있다. 모스크바의 바다Mare Moscoviense 같은 곳은 지각 두께가 거의 0km이며, 고지대는 평균 약 80km, 달 전체는 평균 35~43km이다(그림 5-6). 달은 크기에 비해 두꺼운 지각을 갖고 있으며, 달의 앞면과 뒷면은 지형에서뿐 아니라 지각의 두께에서도 비대칭임을 알 수 있다.

지금까지 간단히 소개한 지질학적·지구물리학적 연구로부터 달의 구조를 다음과 같이 요약할 수 있다. 달은 핵, 맨틀, 지각의 층상구조를 갖는 분화된 고체 천체이며, 중심에 약 240~250km 반지름을 갖는 철질 내핵이, 약 90~110km 두께의 액체 상태의 외핵에 둘러싸여 있다. 달의 외핵에는 약 6%의 황sulfur 등 가벼운 원소가 포함되어 밀도가 약 5g/cm^3로 비교적 낮다고 해석하는 연구도 있고 내핵의 밀도는 순수한 철 밀도에 가까운 7.82g/cm^3로 보고한 연구도 있다. 아직은 오차가 약 20%로 매우 크다. 현재 핵의 온도는 약 1,400℃ 내외일 것으로 추정하고 있다. 달의 맨틀은 감람석, 휘석으로 주로 구성되어 있으며, 가장 아래쪽에는 10~30% 정도가 녹아 있는 부분용융된 층이 약 150km 두께로 핵을 둘러싸고 있는 것으로 보인다. 맨틀의 총 두께는 약 1,350km이다. 마지막으로 회장석이 풍부한 지각은 평균 약 40km 두께를 가진다. 앞서 설명한 것처럼 지각의 두께는 거의 0km부터 80km까지 다양하며, 앞면과 뒷면이 비대칭적이어서 앞면이 평균 30~40km, 뒷면이 평균 40~50km이다.

여기서 달과 지구 내부구조의 큰 차이점을 추가로 발견할 수 있다. 지구의 경우 맨틀이 부분용융되어 있는 위치가 지각과 가까운 상부 맨틀이지만, 달은 핵과 닿아 있는 하부 맨틀이다. 지구의 경우 부분용융이 일어나는 곳은 특정 깊이에 넓게 존재하는 층이 아니라 중앙해령과 섭입대 등 제한된 지역이지만, 달은 핵을 둘러싼 층으로 존재한다. 앞서 달의 핵 온도가 약 1,400℃ 내외일 것으로 추정한다고 했으니 핵과 닿아 있는 맨틀의 하부는 이보다 조금 낮은 온도일 것이다. 지구 외핵의 온도는 4,000℃ 이상으로 추정되며, 지구의 핵과 맨틀 경계의 온도 역시 이에 가까운 온도인 3,000~4,000℃로 추정된다. 지구의 하부 맨틀이 달보다 온도가 훨씬 높은데도 고체 상태인 이유는 압력 때문이다. 물질의 녹는점은 온도만의 함수가 아니라 온도와 압력의 함수이며, 고압일수록 더 높은 온도에서 물질이 녹는다. 지하로 들어갈수록 온도가 올라가지만, 압력이 커지면서 물질의 녹는점도 올라간다. 달은 중력이 약하므로 깊어지면서 압력 증가가 크지 않아 깊이에 따라 암석의 녹는점이 크게 증가하지 않으므로 온도 증가에 따라잡히게 되면 그 깊이부터 부분용융이 일어날 수 있다. 지구의 핵과 맨틀 경계의 압력은 134GPa(기가 파스칼)에 달한다. 일상에서 익숙한 기압으로 바꾸면 약 1,003,000기압이다. 하지만 달은 크기와 질량이 작으므로 중심부의 압력도 5GPa에 조금 못 미친다.

비대칭인 달과 뒤집힌 달의 맨틀

달의 뒷면을 보기 시작한 이후 다양한 관측을 통해 달은 지형, 지각 두께, 화산활동, 표면 암석의 화학조성 등 여러 면에서 앞면과 뒷면이 서로 다른 뚜렷한 비대칭성을 보인다는 것을 알게 되었다.

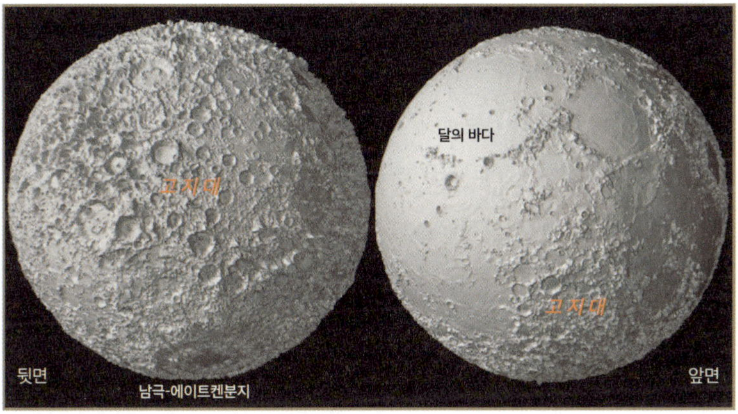

그림 5-7. 달의 앞면과 뒷면 지형 차이
NASA의 LRO 고도계 자료를 이용한 3차원 이미지로서 고도차이를 10배 과장한 그림이다.

그림 5-7은 달 지형의 고도차이를 10배 과장한 것으로 상대적으로 낮고 편평한 앞면과 높고 충돌구로 가득하며 고도차이가 뚜렷한 뒷면의 드라마틱한 차이를 잘 볼 수 있다. 이런 고도차이는 중력자료 등으로부터 해석한 달의 지각 두께에도 반영되어 있다. 빙산의 일각이란 말이 있는 것처럼 빙산은 물 위에 떠 있는 부분보다 물 아래 숨어 있는 부분이 더 깊고 크다. 작은 빙산은 물 아래 숨어 있는 얼음이 작고 빙산이 크면 수면 아래 얼음도 크고 깊다. 지구의 지각도 마찬가지이다. 맨틀 위에 놓인 지각은 높은 산 아래에서는 맨틀 깊숙이 이어지고, 해양저는 지각 두께가 매우 얇다. 중력 평형을 이루기 위해 이런 현상이 일어나므로 이를 지각 평형isostasy이라고 한다. 마찬가지로 고도가 낮은 달의 바다는 지각이 얇고, 고도가 높은 고지대는 두껍다(그림 5-6). 이러한 모양의 비대칭으로 달은 모양의 중

심center of figure과 질량의 중심center of Mass이 서로 일치하지 않아, 질량 중심이 모양 중심보다 1.9km 더 지구에 가깝다. 달의 바다를 구성하는 현무암질 용암은 주로 달의 앞면에 분포하며, 그림 4-8의 토륨 함량 지도에서도 비대칭성이 뚜렷하다. 달의 비대칭은 앞면과 뒷면 암석의 화학조성에서도 나타난다.

4장에서 소개한 것처럼 KREEP 현무암은 달 마그마 바다의 잔류 마그마이므로, 원격탐사 결과를 보기 전에는 달 전체에 걸쳐 폭넓게 분포할 것으로 예상했다. 하지만 폭풍의 대양 KREEP 지대 등에만 집중적으로 분포한다는 것을 알게 되었고(그림 4-8), 이런 비대칭적 분포를 설명하기 위해 달 맨틀 역전mantle overturn 모델이 제안되었다.

달의 마그마 바다에서 정출된 광물 중 밀도가 큰 감람석과 휘석은 아래로 가라앉고 밀도가 작은 회장석이 위로 떠오르면 잔류 마그마는 회장석 지각 아래에 자리하게 된다. 감람석, 휘석, 회장석이 가져가지 않는 성분이 잔류 마그마에 농집되며, 주성분 원소 중에서는 타이타늄이 농집되어 티탄철석ilmenite, $FeTiO_3$이 풍부한 층이 만들어진다. 표 4-1에서 볼 수 있는 것처럼 티탄철석의 밀도는 4.72g/cm^3로 감람석과 휘석보다 훨씬 높다. 감람석과 휘석으로 이루어진 층 위에 더 무거운 티탄철석이 풍부한 층이 위치하게 되므로 층이 뒤집어지는 맨틀 역전이 일어났을 것이라는 모델이 제안되었다. 맨틀의 역전이 일어나면서 잔류 마그마의 일부가 특정한 곳으로 짜지듯이 밀려 올라가 분출한 곳이 PKT라는 설명도 있으며, 역시 4장에서 소개한 것처럼 남극-에이트켄분지를 만든 강력한 충돌이

KREEP 마그마의 분출을 유발했다는 주장도 있다. 달 비대칭의 특징과 원인에 관해서는 앞으로 한동안 달을 연구하는 과학자들의 논쟁이 지속될 것이다.

달의 자기장

우리가 평소 느끼지 못하지만 지구 내부가 지구 표면, 특히 생명체에 가장 큰 영향을 주는 것은 외핵이 형성하는 자기장이다. 지구 자기장은 생명체의 가장 든든한 보호막이다. 다이나모 이론 geodynamo theory에 의하면 지구 자기장은 전기 전도체이고 액체 상태인 철질 외핵의 대류에 의해 생성된다. 달에도 액체 상태의 외핵이 있다면 현재 달에도 자기장이 형성되어 있을까? 과거에는 달의 핵 전체가 아마도 액체 상태였을 텐데 그 시기 달의 자기장은 어땠을까? 현재 달의 핵은 검출 가능한 정도의 자기장을 생성하지는 않는다. 하지만 달의 암석과 원격탐사에 의한 자기장 측정결과는 달이 한때 자체적으로 생성된 자기장을 가지고 있었음을 보여 준다.

과거 한때 과학자들은 달의 핵이 자기장을 생성하기에는 매우 작고, 그렇기에 빨리 식었다고 생각했다. 하지만 최근의 연구결과는 놀랍게도 달에는 아직 액체 상태의 외핵이 남아 있으며, 초기에는 다이나모가 작동해 달의 암석에 잔류자기를 남겼다는 것을 보여 준다. 과거 자기장에 의해 자화된 흔적을 잔류자기remanent magnetization라고 한다. 자기장이 존재하는 곳에서 철이나 자철석 같은 광물이

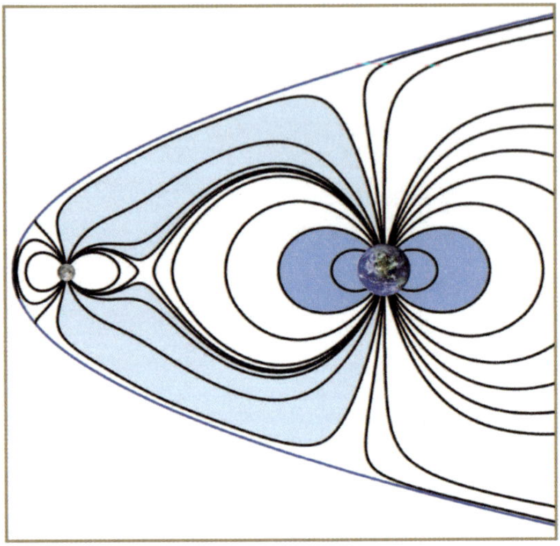

그림 5-8. **달에 자기장이 존재하던 시기에 서로 연결된 지구와 달의 자기장 상상도**

초기 약 10억 년간 지속됐을 것으로 추정되는 이런 거대한 자기장 네크워크는 지금보다도 강력한 보호막을 지구 표면과 대기에 제공했을 것이다. Image credit: NASA.

생성되면 당시의 자기장 방향으로 자화magnetization가 일어나 자기장이 제거된 후에도 흔적이 남는다. 달 암석의 잔류자기 측정결과는 달이 생성 후 십억 년 이상 자기장을 가졌다는 증거를 보여 준다. 최근에 이루어진 시뮬레이션에 의하면 달의 자기장은 단순히 달 주변을 감싸는 것을 넘어 지구 자기장과 연결된 거대한 네크워크를 구성했다고 한다(그림 5-8). 자기장의 보호막은 표면의 생명체에게도 커다란 도움이 되지만 강력한 태양풍이 대기를 벗겨내지 않도록 하는 역할도 한다. 만약 이런 시뮬레이션 결과가 맞는다면 달은 우리가 생각한 것 이상의 보호를 지구에 제공했다.

6장

달은 언제 어떻게 탄생했을까?

지금까지 살펴본 모든 과학 정보와 지식을 모아 달의 생성 과정을 생각해 볼 순서가 되었다. 1, 2장에서 언급한 것처럼 행성이 주위를 공전하는 위성을 갖는 것은 그리 특별한 일은 아니지만, 지구-달 시스템은 태양계의 다른 행성-위성 조합과는 구별되는 특징을 여럿 가지고 있다. 특별함을 빼고서라도 우리와 가장 가까운 천체인 달의 성인에 대해 궁금해하는 것은 극히 자연스러운 질문이며, 여러 차례 강조한 것처럼 현재 지구의 모습은 달 없이는 설명할 수 없다. 달은 언제부터 지구를 돌고 있었을까? 어떻게 해서 달은 지구의 위성이 되었을까? 왜 지구는 행성의 크기에 비해 매우 큰 위성을 가지고 있으며, 어떤 힘에 의해 지구-달 시스템은 빠르게 돌고 있는 것일까? 지구와 달의 조성은 매우 유사하면서도 달이 지구에 비해서 밀도가 낮은 이유는 무엇일까? 이런 질문에 답할 수 있는, 달의 기원을 제대로 설명할 수 있는 이론은 어떻게 발전해 왔는

그림 6-1. 달을 형성한 거대충돌 과정의 상상도
핵과 맨틀의 분화가 일어난 직후의 지구에 화성 정도 크기의 행성(Theia)이 비스듬히 충돌하여 달을 형성했다는 것이 거대충돌설의 기본 아이디어이다. 이런 거대한 충돌은 당시 지구의 지각 전체와 맨틀 상당 부분을 완전히 뒤집어 놓을 정도의 충격이었을 것이다. Image credit: NASA

지 살펴보자.

아직 완벽한 설명은 없지만, 비교적 만족스러운 설명은 존재한다. 이미 여러 번 언급했으므로 결론으로 바로 넘어가면 초기 지구에 화성 크기 정도의 행성이 비스듬히 충돌해서 부서지고, 녹고, 증발해 떨어져 나간 일부가 뭉쳐 달을 만들었다고 하는 거대충돌설 giant impact theory(그림 6-1)이 현재 많은 과학자의 지지를 받고 있다. 달이 거대충돌로 생성되었다면, 사실 이 사건은 달의 생성에만 중요한 것이 아니라 초창기 지구를 설명하는 데 필수적이다. 달을 만들

정도의 충돌은 지구 표면에 충돌구를 만드는 정도가 아니라 지구 지각 전체와 맨틀의 상당 부분까지도 완전히 파괴하고 뒤집어 놓을 만큼의 충격이기 때문이다. 따라서 최소한 맨틀의 상부 및 지각 전체, 그리고 그 위에 놓인 우리가 알고 있는 지표면의 모든 것은 달을 생성한 거대충돌 이후 시작되었다고 볼 수 있다. 즉 달의 성인은 달만의 문제가 아니라 지구-달 시스템 성인의 관점에서 바라봐야 한다.

과거에는 달을 형성한 것과 같은 거대충돌이 매우 특이한 사건처럼 해석되었지만, 현대 행성과학에서는 태양계 초기에 일어난 원시 행성protoplanets 간의 충돌은 행성 진화의 마지막 단계에서 빈번했을 것으로 본다. 지금보다 훨씬 더 많은 천체가 태양 주위를 돌면서 서로 충돌하고 부서진 후 합쳐져 더 큰 행성으로 성장하는 일이 계속되었을 것이다. 이러한 과정의 최종 산물이 지구와 달을 포함한 현재 태양계의 천체들이다. 따라서 달을 생성한 충돌을 연구하는 것은 행성 진화의 마지막 단계를 이해하기 위한 노력이며, 달은 아마도 이런 대규모 충돌의 증거를 찾아 연구할 수 있는 최적의 천체일 것이다.

달 기원에 관한 고전 이론

달의 기원에 관한 이론의 변화는 크게 아폴로 이전과 이후로 시기를 나눌 수 있다. 다양한 이유를 들 수 있겠지만 무엇보다 달의 암석을 직접 보고 연구한 결과 달에 대해 새롭게 이해한 것이 많기 때문이다. 비로소 달의 진정한 모습을 이해하기 시작했다고 할 수도 있겠다. 아울러 점점 더 많은 태양계 천체가 발견되면서 초기 태양계를 바라보는 시각도 변하기 시작했으며, 여기에 더해 컴퓨터와 이를 이용한 모델링 및 시뮬레이션의 발전이 커다란 역할을 했다.

아폴로 시대 이전의 과학자들은 달의 기원을 설명할 때 크게 3가지 사실에 주목했다. 먼저 첫째, 그들은 당시에도 이미 달이 행성 대비 매우 큰 위성이란 것을 알고 있었다. 둘째, 지구-달 시스템은 각운동량이 매우 크다는 것을 알고 있었으며, 마지막으로 셋째, 달은 지구와 비교하면 상대적으로 밀도가 낮다는 것도 알고 있었다(2장 참조). 모두 물리량에 관련된, 달에 직접 가지 않고도 천문학적 관측과 계산으로 알 수 있는 사실이다. 이 외에도 달과 지구가 서로 조석의 영향을 주고받는다는 것 역시 알고 있었다. 달 조석의 영향에 대한 과학적 고찰에 대한 기록은 독일의 계몽주의 철학자 이마누엘 칸트Immanuel Kant, 1724~1804까지로 거슬러 올라간다. 칸트는 1754년 논문에서 달의 조석이 지구의 자전을 느리게 만든다고 처음 주장한 것으로 알려졌으며, 에너지 보존의 법칙을 처음 주장한 학자 중 한 명인 줄리어스 메이어Julius Robert von Mayer, 1814~1878 역시 1848년 조석 마찰을 주장했다. 하지만 당시 관측의 정밀도로는 지구 자전 속도가 느려지고 있다는 증거를 발견하지 못해 주목받는 이론으로 발전하지는 못한다. 조석 마찰에 관한 최초의 정량적 이론은 조지 다윈이 정립한 것으로 알려져 있다. 조지 다윈은 1898년 발표한 책 『태양계의 조석 및 유사 현상*The Tides and Kindred Phenomena in the Solar System*』(그림 6-2)

그림 6-2. **조지 다윈(오른쪽)과 『태양계의 조석 및 유사 현상』의 표지(왼쪽)**
조지 다윈의 분리설은 다양한 조석 현상에 대한 관찰 및 이론을 설명한 이 책에서 출발해 약 70년 동안 대표 이론으로 자리했다.

에서 조석 현상과 이론을 자세히 설명하는 데서 한 발 더 나가 지구가 용융상태였던 초창기에 달이 지구에서 떨어져 나갔다고 제안한다. 소위 분리설의 시작이며, 70년 이상 달의 기원을 설명하는 대표 이론으로 자리 잡는다.

달의 기원을 설명하기 위해 분리설을 포함한 여러 가설이 등장한다. 달이 지구와 함께 태양계 성운의 같은 공전 궤도에서 쌍둥이처럼 탄생했지만 지구는 크게 성장하고 달은 그러지 못해 달이 지구의 위성이 되었다는 동시생성설co-accretion hypothesis, 달은 태양계 어딘가 다른 곳, 아마도 태양으로부터 더 멀리 떨어진 곳에서 생성되어 타원 궤도를 그리며 지구 근처를 통과하던 중 중력에 잡혀 위성이 되었다는 포획설capture hypothesis, 그리고 매우 빠르게 자전하던 초기의 용융된 지구에서 맨틀 일부가 원심력에 의해 떨어져 나와 지구 주위를 돌면서 식어 달이 되었다는 분리설 등이다. 이 세 가설은 모두 당시 알려진 사실도 완벽하게 설명하지는 못한 불완전한 모델이다. 예를 들어 동시생성설은 달의 밀도를 설명하지 못한다. 동시생성설에 따르면 지구와 달은 완벽하게 같은 물질에서 탄생해야 하므로 밀도가 같아야 한다. 물론 중력을 고려하면 지구가 좀 더 밀도가 높아지겠지만, 달은 이를 고려해도, 즉 비압축 밀도를 비교해도 지구에 비해 너무 낮아 철 등 무거운 물질이 달에 상대적으로 결핍되었음을 의미한다. 이는 동시생성설로는 설명할 수 없다. 이와 반대로 포획설은 지구와 달이 철 등 일부 물질을 제외하면 매우 유사한데, 이를 설명하지 못한다. 하지만 이는 아폴로 프로그램 이후 알려진 사실이므로 제외하더라도 포획설은 지구-달 시스템의 각운동량을 설명하지 못한다. 동시생성설도 마찬가지이다. 마지막 분리설은 당시 알려진 물리량에 대한 설명에는 세 가설 중 가장 부합하는 듯 보인다. 지구의 맨틀 일부가 떨어져 나왔으므로 떨어져 나온 양이 달 정도였다면 달의 크기를 설명할 수 있고, 맨틀이 떨어져 나올 정도로 빠르게 도는 지구였으므로 지구-달 시스템의 큰 각운동량도 설명할 수 있고, 맨틀이 떨어져 나왔으므로 철이 결핍되어 낮은 밀도도 설명이 가능한 것처럼 보인다. 하지만 맨틀이 떨어져 나올 정도의 속도가 되려면 지구-달 시스템이 갖는 각운동량이 지금보다 몇 배는 더 커야 하므로, 현재의 물리량으로는 달이 지구에서 떨어져 나온 현상은 일어날 수 없다. 더불어서 지금의 각운동량도 설명이 어려운데, 만약 그처럼 빠르게 회전했다면 지구 또는 지구-달 시스템이 어떻게 이보다 몇 배는 더 큰 각운동량을 가지고 있었는지 설명이 더 어려워진다. 물론 달이 만들어진 이후 사라진 각운동량도 설명해야 한다. 달의 기원을 설명하기 위한 앞선 세 가설을 지지하는 학자들의 논쟁은 1960년대를 넘어 일부 1970년대까지 이어졌다. 앞서 소개하지 않은 마지막, 네 번째 가설인 거대충돌설은 1974년에 처음 제안된 것으로 알려지기도 했지만, 사실 한참 앞선 1946년에 하버드 대학교 명예교수였던 캐나다 지질학자 달리Reginald Aldworth Daly, 1871~1957 교수의 주장이 먼저이다. 달리 교수는 보웬의 반응계열로 유명한 역시 캐나다 출신 지질학자인 노만 보웬Norman L. Bowen, 1887~1956의 박사학위 지도교수이기도 하다. 달리 교수는 「달의 기원과 지형Origin of the Moon and Its Topography」이라는 논문에서 지구가 거의 지금 크기로 성장했고 표면은 녹아 있었을 때 작은 크기의 행성이 지구의 적도 부근에 충돌했고, 이로 인한 폭발로 튀어나온 지구의 파편과 충돌체의 부서진 파편이 달을 만들었다는 가설을 세운다. 당시 이 논문은 큰 주목을 받지 못한 것으로 보인다. 하지만 1970년대 이후 달에서 가져온 암석의 분석 결과와 태양계에 대한 세밀한 관측, 그리고 충돌 과정에 대한 컴퓨터 시뮬레이션 기법의 발전은 모든 것을 바꾸어 놓는다.

달의 나이는?

'너 몇 살이니?' 시간과 공간을 느끼며 사는 우리는 얼마나 가깝고 먼지에 대한 거리를 궁금해 하는 것만큼 나이에 대해 알고 싶어 하는 본능이 있는 것 같다. 사람 사이에도 이름과 나이를 알고 나면 좀 더 친근감이 생기지 않나? 특히 사건의 시기와 순서가 매우 중요한 지질학이라는 학문에서 연구 대상의 나이는 첫 번째 질문 중 하나이다. 따라서 아폴로 11호 우주인이 달 암석을 처음 가져왔을 때 과학자들이 행한 최우선 분석 중 하나도 달의 나이를 측정하는 것이었다. 달 암석의 나이가 곧 달의 나이를 의미하는 것은 물론 아니지만, 암석의 나이가 오래되었을수록 당연히 달의 나이에 가까울 것이다. 달의 나이는 단순히 달이 언제 생성되었는지에 대한 질문일 수도 있지만, 지구-달 시스템의 형성 과정과 더 나아가 태양계의 생성 과정 및 시기에 대한 질문과도 밀접하게 관련된 문제이다. 간단한 예로 달의 나이와 달이 지구를 돌기 시작한 시기는 일치할 수도 있고 그렇지 않을 수도 있다. 달이 다른 어딘가에서 생성된 후 지구 주위를 지나다 지구의 중력에 붙들렸다면 달의 나이는 지구를 돌기 시작한 시기보다 먼저일 것이다. 달이 지구 주변에서 처음부터 위성으로 만들어진 것이라면 당연히 두 시기는 일치한다. 잘 알려진 것처럼 지구는 지질학적으로 매우 활동적인 행성이며 탄생 이후 오래된 암석의 기록을 지우고 새로운 암석을 만드는 과정을 반복해 왔다. 이 때문에 지구에 존재하는 암석과 광물로부터 태초의 기록을 복원하는 것은 한계가 있다. 하지만 달은 지구에 비해 크기가 작아 내부에 지질학적 변화를 일으킬 에너지가 적으므로 초기의 암석이 보존되어 있을 가능성이 지구보다 크다. 이런 모든 가정은 달 암석의 나이를 처음 분석하는 과학자의 심장을 터질 듯 두근거리게 했을 것이라 짐작한다.

필자는 박사과정을 마친 후 박사후연구원으로 2년간 흔히 칼텍Caltech으로 불리는 캘리포니아 공과대학교California Institute of Technology의 와서버그 교수 연구그룹(읽어보기 6-1)에서 공부할 기회가 있었다.

읽어보기 6-1.

와서버그 교수와 'Lunatic Asylum'

달에 대한 연구 성과 중 특히 달 암석의 연대측정 및 지화학적 연구에 대해 이야기하면서, 와서버그(Gerald Joseph "Jerry" Wasserburg, 1927~2016) 교수와 그의 연구그룹을 빼면 좀 과장해서 알맹이는 빼고 이야기하는 것과 마찬가지이다. 지화학적 내용은 최소한으로 다루고 있는 이 책에서는 언급할 기회가 적을 뿐이다. 제리 와서버그 교수는 NASA의 달 시료 처리 및 분석에 관한 모든 과학적 자문을 한 4명의 과학자 중 1명이었다. NASA가 아폴로 우주인이 가져온 달 시료 처리와 분석에 관해 자문을 구하기 위해 선임한 4명의 과학자(G. J. Wasserburg, Bob Walker, Jim Arnold, Paul Werner Gast) 모임의 공식 명칭은 '달시료분석기획그룹(Lunar Sample Analysis Planning Team, LSAPT)'이었지만 막강한 권한과 힘을 가진 묵시록의 네 기사(Four Horsemen of the Apocalypse)에 비유하여 이들을 NASA의 'Four Horsemen'이라 불렀다. 이들은 아폴로 프로그램을 15호 이후 중지시키려 했던 닉슨(Richard Milhous Nixon, 1913~1994) 대통령의 의지를 꺾고 아폴로 16호와 17호까지 이어지게 하는 등 아폴로 프로그램 및 후속 연구 프로그램 결정에 중요한 역할을 했다.

와서버그 교수는 자신의 그룹에 'Lunatic Asylum'이란 당황스러운 이름을 붙였다. 말 그대로 번역하면 '미치광이의 망명지'가 되고 '정신병원'이라는 의미로도 사용된다. 망명지(Asylum)까지는 그렇다 하더라도 달을 연구하는 그룹이므로 달의 형용사형 'lunar'를 사용해야 하는데, 같은 어원을 갖기는 하지만 미치광이란 뜻의 'lunatic'을 사용한 것은 영감님의 독특한 유머 감각이다. 필자가 2년간 이곳에 유배(?)되어 있던 기억을 더듬어 봐도 '미치지' 않고는 이 그룹에서 버티기가 쉽지 않았던 것 같다. 그룹에서 사용한 당시 최고 성능의 질량분석기(mass spectrometry)의 명칭도 'Lunatic I'으로 직역하면 '미치광이 1호'가 된다. 와서버그 교수 그룹이 주문 제작해 사용한 이 질량분석기는 당시 장비의 성능을 크게 뛰어넘는 '미친 성능'을 보여 주어, 질량분석기의 성능 개선과 분석 수준을 획기적으로 높이는 데 공헌했다. 와서버그 교수는 아폴로 우주인이 가져온 달 암석을 포함하여 지구 암석과 운석의 연대측정, 지화학적 연구, 항성에서 일어나는 핵융합반응을 통한 우주의 동위원소의 진화 과정 연구 등에 실로 거대한 성과를 남겼다.

이곳은 아폴로 우주인이 가져온 달 암석을 최초로 연구한, 특히 달 암석의 나이를 처음 측정한 연구그룹 중 하나이다. 아폴로 11호가 가져온 암석 시료는 당시 최고의 연구그룹에 할당되었고, 연구 성과를 논하기 위해 1970년 1월 휴스턴에서 첫 번째 '달 과학 콘퍼런스Lunar Science Conference, LSC'가 개최되어, 약 140편의 연구결과가 발표되었다(그림 6-3). 여기서 와서버그 교수 그룹은 달 현무암의 나이가 35억 년에서 37억 년 범위에 있으며, 달의 토양에서는 46억 년의 겉보기 나이apparent age가 구해졌다고 발표한다. 달과 달 암석의 나이에 대한 첫 번째 정밀한 측정결과이다. 이후 달 고지대 암석 등 다양한

그림 6-3. **1970년 1월 열린 첫 번째 '달 과학 콘퍼런스'의 초록집 표지**

아폴로 11호 우주인이 가져온 달 암석 분석 결과와 그 의미를 발표하고 논의하는 학술대회로 NASA가 휴스턴에서 개최했다. 멀리 떨어진 하나의 물리적 천체로서가 아니라 지구처럼 '다양한 조성과 기원을 가진 물질로 구성된 달'에 대한 연구의 시작이었다. 이후 이 학술대회는 '달과 행성과학 콘퍼런스'로 개명되었으며 매년 3월 수천 명의 과학자가 모여 일주일 동안 달과 행성과학에 관한 연구결과를 발표하고 토론하고 있다.

암석과 광물이 분석되었지만, 정확한 달의 나이에 대해서는 아직도 논쟁이 진행 중이다. LSC는 이후 '달과 행성과학 콘퍼런스Lunar and Planetary Science Conference, LPSC'로 확대 개명되었다. 1973년 이후로는 매년 3월에 개최되며 2024년 3월에 55회가 열렸다. 유일하게 2020년의 51회가 코로나-19 때문에 개최되지 못했다. 그림 6-3을 표지로 하는 1회 초록집에는 약 140편의 논문이 실렸지만, 지금은 매년 수천 편의 달과 행성과학 연구결과가 발표된다. 필자가 박사과정 학생이던 1990년대 중후반에는 3권의 두툼한 초록집이 매년 발간되었고, 들고 다니기에는 너무 무거워 우편으로 거주지나 학교로 보내 주는 서비스가 발표장 데스크에 있었던 것을 기억한다. 이후 CD와 USB 스틱을 거쳐, 지금은 온라인 초록집으로 바뀌어 무게 걱정은 할 필요가 없게 되었다.

시료만 있다면 고체 천체의 나이를 측정하는 가장 정확한 방법은 방사성동위원소 시스템을 이용하는 것이다. 암석 또는 광물에 포함된 특정 방사성동위원소와 붕괴로 생성된 딸원소daughter isotope의 상대적 함량을 질량분석기를 이용하여 측정하고 나이를 계산한다. 다만 방사성동위원소 시스템은 암석과 광물이 녹게 되면 초기화된다. 고온의 변성작용에 의해서도 초기화될 수 있다. 어떤 광물은 녹지만 않으면 고온의 변성작용에도 초기화되지 않고 시스템을 유지하는 것도 있다. 하지만 지구와 달 모두 두 천체의 생성 연대를 암석 하나를 찾아 분석해 구하기는 결코 쉽지 않다. 지구와 달 생성 직후의 동위원소 시계가 이후 발생한 다양한 지질학적 과정을 통해서도 초기화되지 않고 보존된 경우가 그리 흔한 현상이 아니기 때문이다. 앞서 겉보기 나이 또는 추정이란 표현을 사용한 것도 이런 이유 때문이다. 지구의 경우 끊임없이 반복되는 화성활동, 변성작용, 판의 움직임, 침식·풍화작용 등이 과거의 기록을 지우고 새로운 기록을 작성하지만, 달의 경우엔 아마도 크고 작은 충돌이 그 역할을 해왔을 것이다. 따라서 달 암석의 나이, 특히 태양계 초기에 가까운 나이를 지시할 것으로 기대했던 달 고지대의 회장암의 나이에서도 대부분은 생각보다는 조금 젊은 연대가 구해졌으며, 달의 구체적 생성 시기에 대해서는 학계에 서로 다른 의견이 존재한다.

방사성동위원소 연대측정법은 먼저 시스템이 초기화되고, 이후 시스템이 교란되지 않고 닫혀 있다면 시스템이 초기화된 시기를 측정할 수 있다. 달이 거대충돌에 의해 생성되었고, 이후 마그마의 바다 단계를 거쳐 핵과 맨틀로 분화되었다면, 이론적으로 측정할 수 있는 가장 오래된 사건은 크게 두 가지이다. 첫 번째는 핵과 맨틀의 분리이며, 두 번째는 맨틀을 만든 규산염 마그마에서 가장 먼저 정출한 광물 또는 이들이 모여 만든 암석이다. 핵과 맨틀이 분리되면 친철원소와 친석원소가 각각 철질 및 규산염질 마그마로 이동하므로 시스템이 초기화된 것이며, 이후 각각 핵과 맨틀은 서로 물질 교환 없이 닫힌 상태를 유지하므로 핵과 맨틀의 분화 시기를 측정할 수 있다. 두 번째 마그마에서 광물이 정출하여 물질의 이동이 멈춘 시기 역시 초기화 후 닫힌 상태가 유지되는 것이므로 시기를 측정하는 것이 가능하다.

달의 생성 시기를 알기 위한 접근 방법에는 크게 방사성동위원소와 그 딸원소의 비를 측정하는 절대연령측정, 반감기가 짧아 지금은 사라진 단반감기 방사성동위원소(읽어보기 6-2)의 흔적을 이용한 상대연령측정, 다양한 모델링을 이용한 추정 등이 있다. 상대연령의 경우 태양계의 나이는 태양계에서 생성된 가장 오래된 고체인 CAICa-Al-rich Inclusion에 대한 연대측정결과로부터 45억 6천7백만 년 또는 45억 6천8백만 년을 기준으로 한다. 태양계는 어느 순간 갑자기 생겨난 것이 아니다. 거대한 분자 구름이 수축하여 태양계 성운을 만들었고, 그 중심에는 원시 태양이, 주변에는 원시 행성계 원반protoplanetary disk이 형성된다. 이 원반에서 성운의 기체가 식어감에 따라 응축condensation이 일어나 미세한 크기의 광물이 생성되고, 이 중 주로 고온에서 응축한 광물이 모여 CAI를, 중간 온도 광물이 모여 콘드률chondrule을 차례로 생성한다. CAI와 콘드률은 남은 미세 광물과 모여 콘드라이트라는 최초의 암석을 형성하고 이후 주로 충돌에 의해 점차 원시 행성까지 성장해 나간다. 이런 연속적인 과정 중에서 태양계의 탄생 시점은 정의에 따라 달라질 수 있으므로, 현재 가장 정확하게 측정이 가능한 태양계에서 가장 오래된 고체인 CAI를 기준으로 하는 것이 일반적이다. CAI의 생성 시기는 상대적인 시간 차이, 즉 상대연령의 기준으로도 사용하여, 태양계 초기에 일어난 사건들은 CAI 이후 몇백만 년 후로 표현한다.

달의 여러 특징 중 맨틀과 핵의 분화 및 구조와 관련된 특징과 상대적으로 철 성분이 결핍된 특징은 달을 생성한 거대충돌이 지구가 핵과 맨틀로 분화한 이후에 일어났음을 지시한다. 달은 부서져 나간 지구의 맨틀과 충돌해 사라진 행성 테이아Theia의 파편이 뭉쳐 탄생했으며, 아마 생성 직후 높은 온도로 인해 분화가 일어났을 가능성이 크다. 이런 일들이 태양계 초기에 일어났다면, 특히 특정 단반감기 방사성동위원소가 붕괴해 사라지기 전에 일어났다면 시기를 복원할 수도 있다. 단반감기 방사성동위원소는 초기 태양계 연구에서 두 가지 중요한 의미가 있다. 하나는 초기 태양계에서 일어난 사건의 상대적 시간 차이를 비교적 정밀하게 측정하게 수 있다는 것이고, 다른 하나는 양이 충분하다면 초기 행성 분화를 일으킨 용융의 에너지원이 될 수 있다는 것이다. 후자의 대표적인 예가 질량수가 26이며 반감기가 약 73만 년인 알루미늄, Al-26이다. 전자의

읽어보기 6-2.

단반감기 방사성동위원소

방사성동위원소(radioactive isotopes or nuclides)의 특징은 일정한 반감기(half life)를 갖고 붕괴한다는 것이다. 예를 들어 방사성동위원소 중 가장 잘 알려진 우라늄(Uranium, U)에는 질량수가 235인 우라늄과 238인 우라늄이 있으며, 각각 약 7억 년과 45억 년의 반감기를 갖는다. 태양계 형성 후 반감기가 한 번 정도 지난 U-238은 태양계 생성 초기값의 거의 절반이 남아 있으며, 약 6번 반 정도 지난 U-235는 현재 약 1%가 남아 있다. 이와 달리 반감기가 짧아서 태양계 초기에 존재했더라도 모두 붕괴해 사라진 방사성동위원소도 있다. 희토류 원소인 사마륨(Samarium, Sm)은 5개의 안정 동위원소를 가지며 2개의 반감기가 긴 방사성동위원소가 있어 자연계에서 7개의 동위원소가 발견된다. 이 외에 사마륨의 동위원소 중 Sm-146은 반감기가 1억 년으로 태양계의 나이에 비해서는 매우 짧다. 태양계 초기에 존재했더라도 반감기가 이미 45번 이상 지났으므로 남아 있는 양은 $(1/2)^{45}$도 안 되는 양($\sim 2\times 10^{-14}$)으로 사실상 모두 사라졌다고 해도 무방하다. 이처럼 반감기가 1억 년도 안 되는 방사성동위원소들을 단반감기(short-lived) (방사성) 동위원소라고 하고, 사라졌으므로 소멸핵종(extinct nuclides)이라고도 부른다. 초기 태양계 성운 및 행성의 진화 연구에 사용되는 대표적인 단반감기 동위원소에는 반감기가 짧은 것부터 Ca-41, Al-26, Be-10, Fe-60, Mn-53, Pd-107, Hf-182, I-129 등이 있다. 이 중에서 가장 짧은 Ca-41의 반감기는 약 10만 년, 가장 긴 I-129는 약 1,600만 년이다.

예로는 하프늄Hafnium, Hf(원자번호 72번)의 동위원소인 Hf-182가 있다. Hf-182는 붕괴해서 Ta-182를 거쳐 W-182가 되며, 반감기는 8백9십만(8.9×10^{6}) 년이다. 텅스텐Tungsten, W(원자번호 74번)의 동위원소 중 W-182의 함량은 평균 26.5%이다. 만약 어떤 물질이 태양계 초기에 만들어졌을 때 Hf-182가 존재했다면, 붕괴해서 W-182가 되므로 텅스텐 중 W-182 함량은 26.5%보다 높을 것이다. Hf-182가 이미 다 붕괴해 버린 이후라면 W-182값에는 변화가 없을 것이다. 하프늄은 친석원소이고 텅스텐은 친철원소이다. 핵과 맨틀이 분리될 때 하프늄은 규산염질 맨틀로 텅스텐은 철질 핵으로 대부분이 움직인다. 핵과 맨틀의 분리가 Hf-182가 붕괴해 사라지기 전에 일어났다고 가정해 보자. 맨틀에는 하프늄은 많고 텅스텐은 대부분 핵으로 이동했므로 거의 없다. Hf-182가 붕괴해 W-182를 생성해 텅스텐에 더해지므로 W-182 비율이 커진다. W-182 비율이 정상치보다 높을수록 더 많은 Hf-182가 살아 있었다는 의미이므로, 핵과 맨틀의 분리가 빨리 일어났다는 의미가 된다.

이처럼 단반감기 방사성동위원소가 남긴 흔적으로부터 태양계 초기에 일어난 사건들의 상대적 시기를 알 수 있다. Hf-182의 흔적은 지구, 달, 화성 그리고 소행성 베스타Vesta에 대해 연구되었다. 화성과 베스타의 경우 아직 직접 시료를 가져온 적은 없지만, 화성에서 떨어져 나온 화성 운석과 베스타에서 떨어져 나온 것으로 추정되는 HED 그룹의 운석(HED는 Howardite, Eucrite, Diogentite 세 종류 운석의 약자)을 분석할 수 있다. 그림 6-4는 지구, 달, 화성 그리고 소행성 베스타에 대해 W-182 초과분excess으로부터 구한 핵과-맨틀의 분화 시기와 천체의 크기 상관관계를 그린 것이다. 달을 제외한다면, 천체의 크기가 작을수록 분화가 일찍, 클수록 나중에 일어나는 좋은 상관관계를 보인다. 천체가 클수록 더 많은 에너지가 필요하고 분화에 시간이 걸릴 것이므로 기대할 수 있는 결과이다. 오직 달

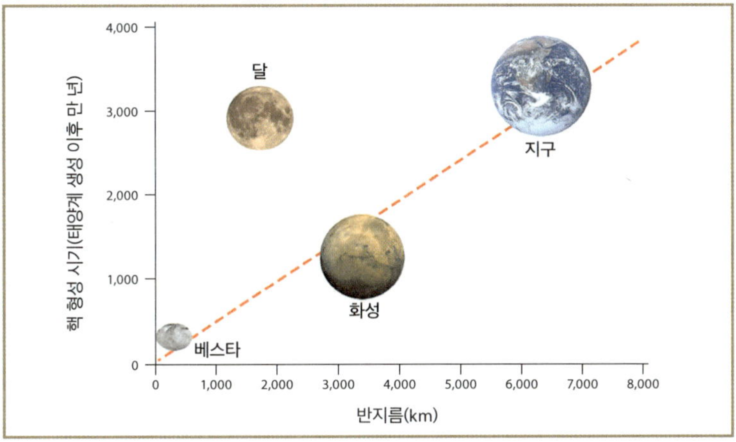

그림 6-4. **텅스텐 동위원소로 해석한 핵 형성 시기와 천체의 크기**
x축은 천체의 반지름(km)이며, y축은 CAI를 기준으로 한 태양계 탄생 후 핵 생성 시간 간격(만 년 단위). 달을 제외하면 크기가 커질수록 핵 형성 시기가 늦어진다. 달의 핵 형성 시기는 지구와 거의 같다.

만이 이 경향에서 벗어나 있으며 지구와 같은 분화 시기를 보여 준다. 달이 지구의 맨틀 물질에서 만들어졌을 가능성을 지지하는 그림 중 하나이다. 다음 장에서 다른 증거들과 함께 달의 성인에 관해 좀 더 생각해 보겠지만, 달이 거대충돌의 결과라면, 지구와 달에 남아 있는 Hf-182의 흔적은 그 시기가 지구가 핵과 맨틀로 분화한 이후이며, 하프늄과 텅스텐 동위원소의 정밀한 분석으로부터 지구 핵과 맨틀의 분화한 시기는 태양계 생성 후 약 3천만 년 후, 달의 생성은 이로부터 약 2천만 년 후로 추정하는 연구도 있다. 잠시 뒤에 살펴보겠지만, Hf-182의 흔적은 달의 성인을 설명할 때 아주 까다로운 제약 조건으로 작용한다.

절대연령 측정에 사용되는 방사성동위원소로는 루비듐Rubidium,

Rb-87, 우라늄-238과 -235, 포타슘Potassium, K-40, 사마륨-147 등이 있다. 각각 장단점이 있고 시료에 따라 적용 가능한 시스템이 있어, 분석 결과는 상호 보완적으로 활용된다. 인터넷에 '달의 나이' 또는 영어로 'age of the moon'이라고 검색어를 입력하면 다양한 답안을 발견하게 될 것이다. 달의 암석과 광물로부터 구한 달의 절대연령에 대한 해석은 크게 세 그룹으로 나눌 수 있다. 하나는 거대충돌과 뒤이은 마그마 바다에서의 정출이 45억 년 전 또는 이보다 더 빨리 일어났다는 견해이며, 또 하나는 이보다는 다소 느린 44억 2천만 년 정도라는 견해이다. 마지막으로 43억 5천만 년 전으로 상대적으로 늦게 일어났다고 보는 견해도 있다. 분석 또는 연구 방법에 따른 차이도 발견할 수 있는데, 가장 터프한 광물 중 하나인 저어콘Zircon 분석 결과는 44억 2천만~45억 1천만 년 사이를 지시하며, 장반감기 동위원소(Sm-147 등)을 이용한 고지대 암석 분석 결과는 43억 5천만~44억 6천만 년 사이를, 단반감기 동위원소인 하프늄-182에 대한 해석은 45억 2천만 년을, 마지막으로 동적 모델링 결과 등은 약 44억 7천만 년을 가리킨다(그림 6-5). 어떤 결과를 좀 더 신뢰할지는 지질학자 사이에도 학문적 배경에 따라 달라질 수 있다. 필자의 생각으로는 아마도 가장 오래된 시기를 직접 측정한 저어콘 연대인 45억 1천만 년 전과, 핵과 맨틀의 분화를 지시하는 하프늄-182에 대한 해석 결과인 45억 2천만 년 전이 달의 탄생 직후 일어난 두 대규모 사건을 지시하는 연대에 가깝지 않을까 한다. 이제 약 45억 수천만 년 전인 태양계 초기에 어떤 과정을 통해 달이 만들어졌는지를 설명하는 이론을 살펴보자.

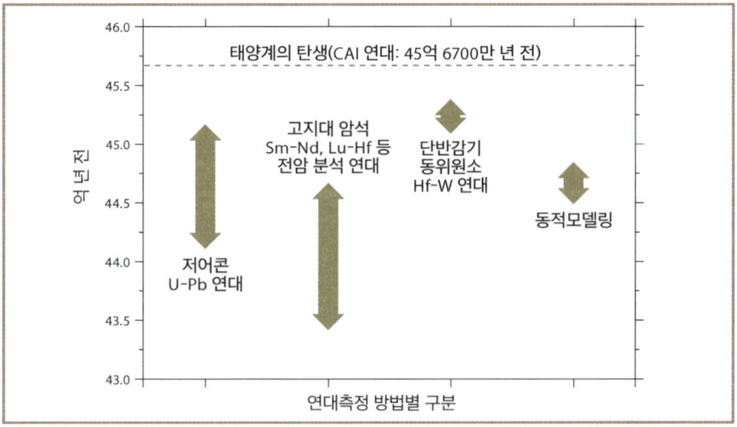

그림 6-5. 다양한 방법으로 구한 달의 연령

방법에 따라 조금씩 다른 결과를 보여 주며, 최대 2억 년까지도 차이가 난다. 가장 오래된 연령은 Hf-W 시스템에 대한 해석으로 45억 2천만 년 전이며, 가장 젊게는 Sm-Nd 등으로 43억 5천만 년 전이 구해진다. 각 연대측정결과에 관한 문헌은 책 뒤에 참고/인용 문헌에 포함되어 있다.

거대충돌설의 탄생과 부활

우리는 태양계가 태양, 행성, 위성 외에도 그 수를 셀 수 없을 만큼 많은 소행성과 혜성 등으로 이루어져 있음을 알고 있다(그림 6-6). 하지만 관측 가능한 천체가 그리 많지 않았던 시대의 천문학자, 지구과학자에게 태양계는 태양 주위를 도는 행성과 일부 큰 규모의 소행성, 그리고 행성 주위의 위성 등 몇몇 큰 천체로만 구성된 매우 깔끔한 시스템이었고, 공전 궤도는 매우 안전한 길처럼 보였을 것이다. 이런 시스템에서 천체 간 충돌이란 매우 특별한 현상으로 인식될 수밖에 없다. 따라서 지속적인 충돌을 통한 행성의 성장이란 개념도 당연히 존재하지 않았을 것이다. 알려진 태양계 천체가 모든 합쳐 2,000개 남짓이었던 1946년 발표된 달리 교수의 논문이 당시 별다른 반향을 일으키지 못한 것도 이해할 수 있는 상황이다. 이런 일은 학문의 발달 과정에서 흔히 볼 수 있다. 지구가 태양 주위를 돈다는 지동설, 대륙이 수평으로 움직인다는 대륙이동설, 모든 생물은 진화의 과정을 통해 지금의 생물군을 형성했다는 진화론 등은 모두 한때는 과학자들의 주목을 받지 못하거나 심한 경우 정신 나간 소리로 취급받기도 했다.

달리 교수의 논문 외에 거대충돌설의 모태가 될 만한 연구로는 러시아 과학자 빅토르 샤프로노프Viktor Safronov, 1917~1999 박사가 1969년에 발표한 「원시 행성운의 진화 그리고 지구와 행성의 형성Evolution of the protoplanetary cloud and formation of the earth and the planets」이라는 논문이 있다. 이는 러시아어로 쓰인 논문이며, 인용한 영문 제목은 영어 번역본의 제목이다. 이 논문에서 샤프로노프 박사는 고체 천체가 서로 충돌하면 부서져 파편화되는 것이 아니라 다시 합쳐지며, 따라서 충돌이 행성 성장에 중요한 과정일 수 있다는 연구결과를 발표한다. 지금으로서는 너무 당연해 보이는 이 개념은 당시로서는 획기적인 생각이었다.

아폴로 프로그램이 종료되고 후속 연구가 활발히 진행되던 1974년에 미국 코넬 대학교에서 국제천문연맹International Astronomical Union이 주최하는 위성에 관한 심포지엄이 열렸다. 여기서 당시 신진 과학자였던 윌리엄 하트만William K. Hartmann과 도날드 데이비스Donald R. Davis 박사는 '행성의 위성Planetary satellites'이란 제목으로 거대충돌에 의

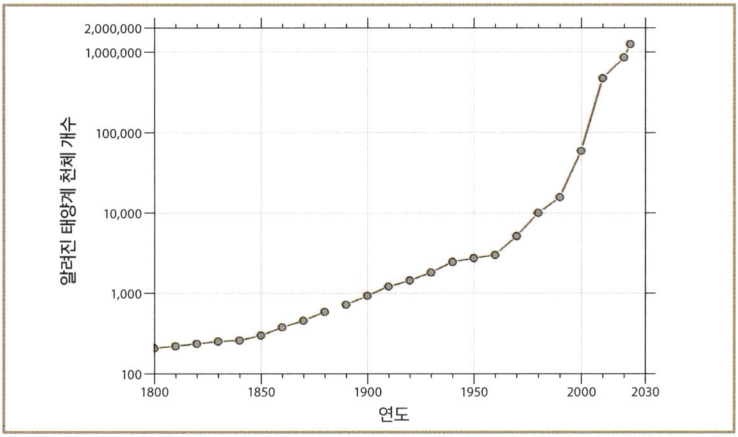

그림 6-6. **1800년부터 2023년까지 각 시대의 인류에게 알려진 태양계 천체의 개수**

1800년대 이전엔 천왕성까지 7개의 행성과 14개의 위성 외에는 100여 개의 혜성만이 알려져 있었다. 1801년부터 소행성이 발견되기 시작하여, 세레스(Ceres, 지금은 왜행성으로 분류), 1802년 팔라스(Pallas), 1804년 주노(Juno), 1807년 베스타(Vesta)가 차례로 발견되었다. 1960년 이전에는 알려진 태양계 천체의 수가 총 3,000개를 넘지 않으며 1980년대에 들어서서 만 개를 돌파한다. 21세기에 들어서 10만 개를, 2021년에는 100만 개를 넘어선다.

한 달의 생성에 관해 발표한다. 이 논문이 발표되자 당시 그리고 그 후로도 행성 생성에 관한 물리적 연구와 별에서의 핵융합 반응 연구의 권위자였던 알래스테어 캐머런Alastair G. W. Cameron, 1925~2005 교수가 자신의 연구팀 역시 유사한 아이디어를 발전시키고 있다고 밝혔다고 한다. 하트만과 데이비스의 연구는 원시 행성 간 충돌이 일어날 수 있는 확률을 살펴보고, 핵과 맨틀로 분화된 지구에 충돌이 일어난다면 달의 낮은 밀도를 설명할 수 있다는 점에, 카메론 교수 연구팀의 연구는 지구-달 시스템의 각운동량을 설명하려는 데 주목했다는 차이점이 있다. 이 두 그룹의 연구결과는 정리되어 각각 1975년과 1976년에 좀 더 구체적인 논문으로 발표된다. 거대충돌설의 부활을 알리는 논문이었지만 당시의 반향은 생각보다는 크지 않았던 것 같다. 10년이 지난 1984년 10월 하와이에서 달의 기원에 관한 콘퍼런스Conference on the Origin of the Moon가 열렸다. 당시 참석자들의 회고에 의하면 기대하지 않았던 놀라운 합의가 여기서 이루어진다. 참석자 대부분이 거대충돌설을 가장 주목해야 할 이론으로 받아들인 것이다. 여기서 발표되고 논의된 내용은 1986년 『달의 기원*Origin of the Moon*』이란 제목의 단행본으로 출판되어 한동안 달의 기원을 공부하기 위한 교과서가 된다. 다시 10년 정도가 지난 1990년대 중반 거대충돌설 연구의 새로운 스타가 등장한다. 로빈 카눕Robin M. Canup 박사는 거대충돌에 대한 모델링과 시뮬레이션을 좀 더 정교하게 다듬어 과학계를 설득하는 것은 물론, 거대충돌설이 대중적 관심을 끄는 데도 중요한 역할을 한다. 이제 거대충돌설을 구체적으로 들여다보기에 앞서 1장부터 소개한 달의 특징, 특히 달 탄생 이론이 반드시 설명해야 할 달의 특징을 다시 정리하여 왜 거대충돌설이 다른 가설보다 설득력을 갖게 되었는지 살펴보자.

첫째, 달은 모행성, 즉 지구에 비해 매우 크다. 반지름이 지구의 27%에 달해 모행성 대비 위성의 크기가 태양계에서 가장 크다. 둘째, 지구-달 시스템의 각운동량이 매우 커서 크기가 지구보다 훨씬 큰 천왕성 또는 명왕성과 비슷하다. 셋째, 달은 탄생 초기에 마그마 바다 단계를 거쳤으며 핵과 맨틀 지각으로 분화된 천체이다. 넷째, 달은 크기에 비해 밀도가 낮으며, 그 이유는 전체적으로 철과 같이 무거운 원소가 결핍되어 철질 핵의 크기가 상대적으로 작기 때문이다. 다섯째, 지구와 비교하면 암석 내에 상대적으로 휘발성 원소가 결핍되어 있다. 여섯째, 화학조성에서 여러 다른 점이 있음에도 안정 동위원소 조성은 지구와 일치하거나 매우 유사하다. 일곱째, 달의 나이는 45억 3천만 년으로 추정되는데 이는 지구 탄생 초기, 핵과 맨틀의 분화가 일어난 직후에 해당한다. 여덟째, 달 암석의 하프늄Hf-텅스텐W 동위원소 분석 결과는 지구의 맨틀과 유사한 값을 보여 준다.

거대충돌설에 의하면 초기 지구가 지금의 화성 크기 행성과 충돌하면서 지구 맨틀의 일부가 부서지고 녹고 증발하면서 떨어져 나갔다. 충돌한 행성 테이아 역시 산산이 부서지고 녹고 증발했다. 떨어져 나간 물질 대부분은 지구 중력에 이끌려 되돌아 왔고, 또 일부는 지구의 로슈 한계 밖에서 뭉쳐 달을 만들었다는 것이 거대충돌설의 기본 개념이다. 우선 이런 일이 물리적으로 가능한지 즉, 충돌 후 부서진 파편들이 지구와 지구를 도는 달 크기의 위성으로 재편될 수 있는지를 증명해야 하는데, 발전된 컴퓨터 시뮬레이션이 훌륭하게 이 일을 해낸다. 우리는 아무래도 말로 듣거나 글을 읽는 것보다 눈으로 보는 것에 좀 더 쉽게 설득되는 것 같다. 초창기에는 컴퓨터 시뮬레이션 결과가 흑백 그림이었지만, 지금은 높은 해상도의 화려한 동영상으로 보는 사람에게 이런 일이 일어났음을 설득시킨다. 필자도 시뮬레이션의 결과를 여기서 글로 설명하는 곤란은 사양하고 싶고, 독자분들이 동영상을 찾아보는 것을 권한다. 꼭 인터넷에서 'Impact origin of the moon'이란 제목의 동영상을 찾아보길 추천한다.

앞서 정리한 8개의 특징 중 달의 크기와 각운동량은 지구와 충돌하는 원시 행성 테이아의 크기와 충돌 각도를 조절하면 충족된다. 세 번째인 마그마의 바다 단계는 충돌에너지 때문에 지구 밖에서 달이 거의 용융상태에서 합져지므로 역시 설명할 수 있다. 시뮬레이션에 의하면 충돌에 의해 지구에서는 맨틀이 부서지고 녹고 증발하면서 떨어져 나오고, 테이아는 거의 파괴된다. 여기서 떨어져 나온 물질 대부분은 중력에 이끌려 지구에 합쳐진다. 특히 테이아의 철질 핵을 이루던 부분은 무거우므로 지구에 합쳐지는 비율이 높다. 이로 인해 지구 주위에 남아 달을 만드는 성분은 지구와 테이아의 맨틀이 주를 이룬다. 달의 밀도와 작은 핵의 크기도 설명이 된다. 거대한 충돌에 의해 녹고 증발이 일어난 후 다시 뭉치기 때문에 휘발성 성분은 선택적으로 달에 덜 포함될 것이다. 일곱 번째와 여덟 번째는 충돌이 일어난 시기가 지구가 핵과 맨틀로 분화된 이후 멀지 않은 시기라면 설명이 된다. 성공적으로 달의 물리량을 설명하는 고전적 거대충돌설 모델에 따르면 테이아의 크기는 화성 정도, 즉 지구 질량의 약 10%이다. 테이아가 지구로 접근하는 초기 상대 속도는 4km/s였지만, 가까워지면서 두 원시 행성의 중력 때문에 충돌 속도는 거의 10km/s 가깝게 증가했다고 본다. 충돌 각도는 45도 내외이다. 충돌 각도란 지구의 공전 방향을 기준으로 하여, 0도면 후면으로, 180도면 정면으로 충돌하는 것이다. 따라서 45도란 진행 방향 뒤쪽에서 비스듬히 충돌하는 경우이다.

설명해야 할 8개의 특징 중 여섯 번째 동위원소 조성의 일치는 빠져 있음을 눈치챈 독자도 있을 것이다. 대부분의 시뮬레이션에 의하면 달은 지구의 맨틀보다 테이아의 맨틀을 좀 더 많이 포함하여 만들어진다. 그러므로 지구와 달의 동위원소 조성이 완벽하게 일치하려면 테이아가 지구와 일치하는 동위원소 조성을 가져야만 한다. 우연의 일치가 아니면 설명하기가 쉽지 않다. 이를 '동위원소 위기isotopic crisis'라고도 부르는데, 동위원소의 위기가 아니라 동위원소 때문에 달 기원 모델에 위기가 왔다는 의미이다. 이후 거대충돌설은 이를 설명할 방법을 찾는 데 집중되며 여러 수정 모델이 등장한다.

거대충돌설의 위기와 수정된 모델

컴퓨터 시뮬레이션을 이용해 만든 그림이 눈을 즐겁게 하고 설득할 수는 있지만, 과학자들의 고약한 입맛까지 완벽하게 만족시킬 수 있는 것은 아니다. 주목받는 새 이론이 등장하면 지독한 검증이 시작된다. 대표적인 예가 앞서 소개한 '동위원소 위기'이다. 앞서 2장에서 소개한 것처럼 태양계 구성원은 대표적으로 산소동위원소 조성에서 그리고 크로뮴Cr, 타이타늄Ti 등의 동위원소 조성에 있어 불균질하다(읽어보기 2-1). 이는 원시 지구와 테이아의 동위원소 조성이 서로 다를 가능성이 매우 높음을 의미한다. 하지만 지구와 달의 동위원소 조성은 분석 정밀도 범위 내에서 거의 완벽하게 일치한다. 원시 지구와 테이아의 물질이 섞여 동위원소 조성이 일치하는 지구와 달을 만들려면 지구와 달에 섞여 들어간 원시 지구와 테이아 물질의 비율이 같아야 한다. 하지만 이런 일이 일어나기 쉽지 않다.

간단한 계산을 해보자. 달은 지구 질량의 1.23%이므로 편의상 1%로 가정하면, 지구와 달의 질량비는 대략 100:1이고, 고전적 거대충돌설에 의하면 원시 지구와 테이아의 질량비는 100:10이다. 먼저 원시 지구와 테이아가 균질하게 섞인다면, 지구와 달은 모두 10%의 테이아 물질로 만들어질 수 있다. 10%의 테이아 물질은 지구에 포함될 수 있는 거의 최대값이다. 하지만 달에서 이는 거의 최솟값이며 고전적 거대충돌설의 모델링에 의하면 달은 테이아 물질이 더 많이 포함되어 만들어진다. 질량 손실은 없다고 가정한 것이고, 핵이 차지하는 질량은 고려하지 않은 것이다. 하지만 핵과 맨틀로 나눠 계산해도 좀 복잡해질 뿐 계산 결과의 논점을 크게 바꾸지는 않는다. 정리하면 충돌 후 지구와 달은 서로 다른 비율로 테이아 물질을 갖게 되므로 원시 지구와 테이아의 동위원소 조성이, 특히 산소, 크로뮴, 타이타늄 등의 동위원소 조성이 서로 같지 않았다면 충돌 후 달과 지구 역시 다를 수밖에 없다는 것이 '동위원소 위기'의 기본 논점이다.

달과 지구의 동위원소 조성 일치를 설명하기 위해 먼저 테이아와 지구의 조성이 매우 유사했을 가능성을 살펴보아야 한다. 산소 동위원소 불균질성을 고려한 시뮬레이션 결과 그 가능성이 1%도 안 된다고 한다. 물론 1%도 결코 무시할 수 없는 숫자이다. 하지만 앞서 살펴본 Hf-187의 흔적인 텅스텐 동위원소까지 고려하면 설명하기 훨씬 더 고약해진다. 지구와 달의 텅스텐 동위원소가 거의 같으려면 지구와 테이아가 분화 과정과 시기까지도 일치해야 하기 때문이다. 하지만 그림 6-4에서 본 것처럼 고체 천체의 크기가 다를 경우 분화의 시기에도 차이가 있으며, 달의 생성을 만족하는 테이아의 크기는 화성 정도이기 때문에 분화의 과정과 시기까지도 일치한다는 것은 받아들이기 힘든 우연의 일치이다.

결국 다양한 파생 모델이 등장한다. 몇 가지 예를 들어보자. 기본 아이디어는 달을 테이아가 아닌 지구 맨틀 위주로 생성할 방법을 찾거나, 충돌 후 지구와 테이아 물질이 평형상태에 도달할 방법을 제시하는 것이다. 첫 번째 예로는 '치고 달리기hit-and-run impact' 모델이 있다. 마치 야구의 작전 용어 같은 이 모델은 테이아가 매우 비스듬하게 빠른 속도로 지구와 충돌한 후 테이아의 상당 부분은 지구 중력권 밖으로 달아나 버렸다는 것이다. 따라서 달은 지구 맨틀 물질이 고전적 충돌 모델보다는 더 많이 포함된 채 만들어질 수 있어 '동위원소의 위기' 극복에 좀 더 유리하다. '반반 지구half-earth' 모델도 있다. 음식에 사용되는 이름 같기도 한 이 모델은 지금의 절반 정도 크기의 원시 지구와 같은 크기의 테이아가 충돌해 현재의 지구와 달로 재편되었다는 가설이다. 이렇게 되면 지구도 달도 원시 지구와 테이아 물질을 반씩 받아 만들어질 수 있으므로 '동위원소의 위기' 극복이 가능하다. 이 외에도 다중 충돌multiple impacts 모델, 고속 회전 지구fast-spining Earth 모델 등 다양하게 수정된 충돌 모델이 등장했다. 충돌이 일어난 후 화학적 평형이 일어났다는 주장도 있으며, 평형을 가정한 가장 최근 모델 중 하나로 시네스티아Synestia 모델이 있다. 매우 빠르게 회전하던 초기 지구에 강력한 충돌이 일어나 지구와 테이아의 상당 부분이 증발하며 형성한 빠르게 회전하는 도

넛 모양의 거대한 분자 구름을 시네스티아라고 부른다. 이 가상의 분자 구름의 중심에서 지구가, 테두리 부분에서 달이 형성되었다는 것인데, 고체가 아닌 분자 구름이므로 지구와 테이아가 거의 완전히 평형에 도달할 수 있다. 그러나 이런 일이 일어날 수 있을 정도로 초기 지구가 매우 빠르게 회전해야 하는데 이를 설명하는 것은 또 다른 문제이다.

모든 수정된 모델이 장단점을 가지고 있으며 완벽하지는 않기 때문에, 아직은 어떤 모델이 실제 달의 생성 과정에 가장 가까운지 판단하기는 쉽지 않다. 달에 대한 좀 더 많은 관찰과 분석 결과가 필요하고, 이를 만족시킬 개선된 모델이 나와야 한다. 충돌 시뮬레이션은 물리적 특성을 갖는 수많은 개별 입자로 이루어진 원시 지구와 테이아를 가정하고 충돌이 일어났을 때 이 입자들이 어떻게 흩어지고 다시 뭉치는지 관찰한다. 따라서 입자의 수가 많을수록 시뮬레이션이 정밀해진다. 1980년대의 시뮬레이션은 입자의 수를 하나하나 세는 것이 어렵지 않을 정도이며, 1990년대와 2000년대 초의 시뮬레이션은 세는 것까지는 힘들더라도 입자가 눈으로 구분이 되는 정도이다. 이후 2010년대에는 백만 개까지 증가했으며, 2020년대엔 해상도가 더 좋아져 거의 1억 개의 입자를 사용하므로 아주 매끄러운 동영상을 볼 수 있다. 해상도가 좋아지고 컴퓨터 파워가 증가하면서 과거에는 테스트하지 못했던 여러 물리적·화학적 변수를 포함한 검증이 가능해지고 있다. 최근의 고해상도 시뮬레이션 중에는 달이 거대충돌 후 24시간이면 충분히 만들어질 수 있다는 결과도 있다. 그림 6-7은 최근에 이루어진 시뮬레이션 중 NASA

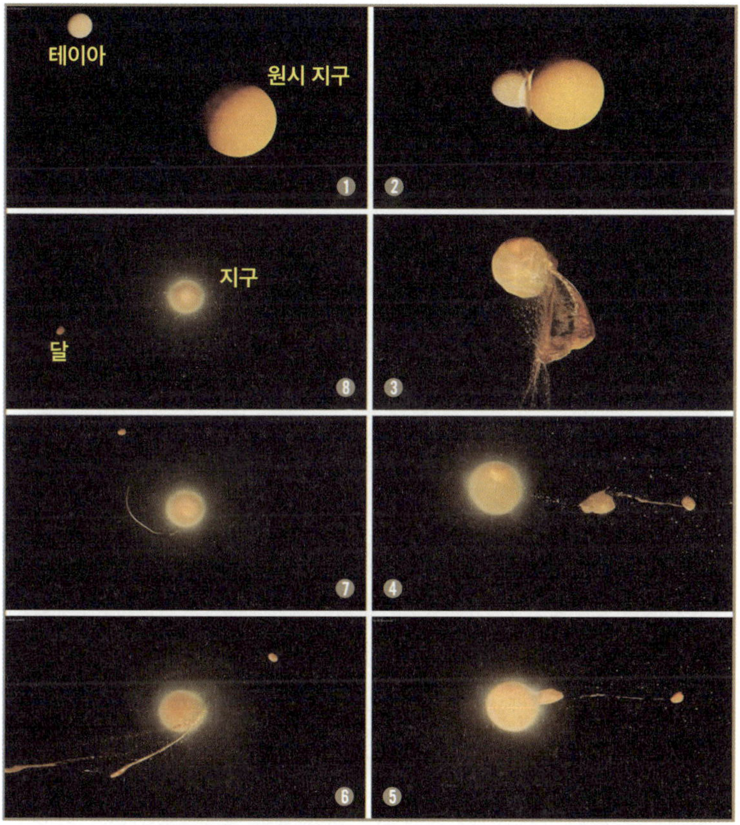

그림 6-7. 거대충돌에 의한 달의 생성 과정

NASA에서 제공하는 시뮬레이션 동영상에서 영상 추출. 왼쪽 위로부터 시계 방향으로, (1) 충돌 전, (2) 충돌 순간, (3) 충돌 직후 테이아와 지구 맨틀이 부서져 나온 장면, (4) 부서져 나온 물질이 두 개로 갈라져 뭉치며, 작고 먼 쪽이 나중에 달을 생성, (5) 가까운 쪽 뭉치는 지구와 다시 충돌하고, 먼 쪽 뭉치는 안정적으로 궤도를 돌기 시작, (6) 2차 충돌 물질이 다시 지구 주위에 흩뿌려지고 일부는 다시 지구에 합쳐짐, (7) 나선 모양으로 지구로 합쳐지는 2차 충돌 물질과 안정적 궤도를 돌고 있는 달, (8) 충돌 후 재편된 지구와 달.

에서 제공하는 동영상을 8단계로 구분한 것이다.

지구와 거대충돌

이 장의 시작에서 잠깐 언급했지만, 달을 탄생시킬 정도의 거대충돌이 있었다면 이 사건은 지구 입장에서도 거의 행성 전체를 리모델링하는 수준이었을 것이다. 충돌 이전의 흔적은 거의 완벽하게 지워졌을 것이며, 우리가 보고 있는 모든 것은 충돌 이후 형성되고 변화해 온 것들이다. 4장에서 소개한 것처럼 지구의 지질시대를 구분하는 가장 큰 단위는 누대eon이다. 첫 번째인 명왕누대Hadean Eon는 지구 탄생부터 40억 년 전까지인 약 5억 5천만 년을 의미한다. 연대측정이 가능한 이 시대의 기록은 지구에 거의 남아 있지 않다. 지구에서 가장 오래된 암석은 40억 3천만 년 전으로 측정되는 캐나다의 아카스타 편마암Acasta Gneiss이다. 이보다 오랜 기록은 저어콘이란 광물에만 예외적으로 남아 있다.

초기 약 5억 년의 기록은 지구에 거의 남아 있지 않거나 시기를 특정할 수 없으므로 달을 만든 거대충돌이 지구에 어떤 흔적을 남겼을지는 다분히 상상의 영역에 속한다고 할 수도 있다. 하지만 연대측정은 불가능하더라도 지구에 거대충돌이 남긴 흔적이 남아 있지는 않을까? 우리가 알고 있는 전 지구적 특징 중 일부는 그 시작이 거대충돌과 관련이 있을 수 있다는 제안도 있다. 예를 들어 거대충돌에 의해 지구의 판의 움직임이 시작되었다거나, 앞장에서 간단히 소개한 맨틀 최하부와 핵의 경계에 위치한 거대 저속도 지대가 테이아의 흔적이라는 주장도 있다. 거대충돌을 대륙 성장과 관련짓는 연구도 있으며 지구 맨틀의 불균질성이 거대충돌의 결과라는 주장도 있다. 달의 생성이 초기 지구에 어떤 영향을 미쳤으며, 어떤 흔적을 남겼는지에 대한 연구는 사실 이제 막 시작되었다고 해도 과언이 아니다. 지금까지 이루어진 달에 관한 연구를 기반으로 앞으로 이루어질 본격적인 달 탐사와 연구는 지구-달 시스템의 생성 과정과 서로 영향을 주고받으며 진화해 온 과정을 이해하는 새로운 전환점이 될 것으로 기대한다.

7장

달에도 자원이 있을까?

이 장을 시작하면서 먼저 강조하고 싶은 점은 달의 자원lunar resources이라고 해서, 마치 당장 달에서 값비싼 자원을 채굴 또는 채광하여 지구로 가져와 활용할 수 있는 것으로 오해해서는 안 된다는 것이다. 물론 미래 언젠가는 가능할 수도 있고, 달 자원에 관한 지속적인 연구 개발도 반드시 필요하다. 하지만 현재 기술로는, 그리고 아마도 한동안은 달에서 자원을 지구로 가져오는 것은 개발 및 운송 비용이 훨씬 더 들어가는 전혀 경제적이지 못한 작업이다. 그렇다고 현시점에서 달의 자원이 무의미 또는 무가치한 것은 아니다. 당장 달의 자원은 우주 전초기지로서 달을 활용할 때 현지 조달할 수 있는 자원이기에 매우 중요하다. 달에서 지구로 자원을 가져오는 비용이 큰 만큼 지구의 자원을 달로 가져가는 비용 역시 많이 소모된다. 따라서 달에서 조달 가능한 자원이 있다면 가치 있는 자원 그 자체와 엄청난 운송 비용 절약이라는 두 마리 토끼를

잡을 수 있다. 또한 경제적 이윤을 추구하는 기업들이 왜 달 탐사에 뛰어들고 있는지도 생각해 봐야 한다.

흔히 언급되지만 당장은 그리 현실적이지 못한 또는 경제성이 없는 달의 자원으로는 헬륨-3 또는 희토류 등이 있으며, 좀 더 현실적으로 가까운 미래에 활용 가능한 자원으로는 물과 산소 등이 있다. 현실성을 판단하는 필자의 기준은 앞서 언급한 것처럼 지구로 가져와야 가치를 인정받는 경우와 지구에서 가져가지 않고 현지 조달이 가능한 경우가 될 수 있다. 표면에 존재하는 물과 산소는 태양계 그 어디보다 지구에 풍부하므로 지구로 가져오는 것은 전혀 경제적이지 못하지만, 인류가 우주에서 생존하는 데 필수적인 이 둘을 우주로 가져가는 데는 엄청난 비용이 들어가므로 현지 조달이 가능하다면 매우 경제적인 자원이라고 할 수 있다. 폭넓은 의미에서의 관광 자원 역시 기업체들의 계산서에 포함되어 있을 것이다.

달에서 기대할 수 있는 자원

천연자원은 여러 방법으로 분류할 수 있지만, 생성 과정 또는 화학적 특성에 따라 생물학적 기원인 유기 자원과 비생물학적 기원인 무기 자원으로 구분할 수 있으며, 이 중 달에서는 당연히 석유, 천연가스 같은 생물학적 기원의 모든 자원은 기대할 수 없다. 비생물학적 기원의 자원 중에서 특히 액체 상태의 물 자체 또는 다량의 물이 관여해야 하는 자원 역시 달에 존재할 가능성이 거의 없다. 다만 고체 상태의 물 자체, 즉 얼음은 극지방 등에 존재할 것으로 추정된다.

얼음은 물(얼음 또는 OH^-)이 풍부한 소행성 또는 특히 혜성에 의해 달 표면에 공급될 수 있다. 대부분의 달 표면에서는 약 보름간 지속되는 낮 동안 온도가 120℃ 이상 올라가 얼음이 증발하며, 태양풍에 밀려 약한 달의 중력을 이기고 탈출해 버린다. 하지만 극지방의 충돌구 안쪽에는 영원히 태양광이 도달하지 못하는 지역이 존재하므로 얼음이 배달되기만 하면 보존에는 문제가 없다. 여러 번 소개한 것처럼 NASA의 아르테미스 프로그램이 관심을 두고 있는 지역으로 우리나라 달 궤도 탐사선 다누리호에 음영지역카메라를 실어 보낸 이유이다(그림 3-5). 얼음이 있다면 우주인들이 사용할 물뿐 아니라 전기분해 등을 통해 산소 역시 추출할 수 있다. 물론 달에서 물의 가치를 고려했을 때 산소는 얼음에서 얻는 것보다 광물에서 추출하는 것이 합리적일 수 있다.

천체의 외부로부터 공급되는 물질 중 자원으로서의 가치가 논의되는 것은 지구에 비해 달이 유리할 수 있다. 지구의 경우 자기장과 대기가 외부로부터 에너지를 가진 물질이 유입되는 것을 막는다. 지구의 내핵이 만드는 자기장은 지구 주위를 둘러싸고 있어 높은 에너지를 가진 원자 또는 이온인 우주 입자, 우주 방사선과 태양풍의 유입을 최소화한다. 만약 지표까지 그대로 우주 입자와 방사선이 도달한다면 인류를 포함한 대부분 생명체가 살아남을 수 없다. 작은 크기의 외계 암석이 무수히 지구로 들어오지만, 지구의 대기는 이를 태워서 별똥별로 만들어 버린다. 하지만 자기장과 대기가 없는 달의 표면은 우주 입자와 방사선 그리고 크고 작은 외계 암석을 고스란히 받아들인다. 유입되는 물질은 생명체에겐 치명적이지만 경제적 가치가 있다면 달에서 찾는 것이 유리할 수도 있다. 헬륨-3이 이런 예이다. 태양풍에 포함된 헬륨-3이 달의 표토층에 오랜 기간 누적되어 있으므로 만약 이를 효율적으로 채취하고 활용할 방법을 찾는다면 언젠가는 에너지 자원이 될 수 있을 것이다. 충분한 양을 채취해 지구로 가져오는 것은 또 다른 이야기이고 달에 핵융합발전소를 건설하는 것은 또 다른 이야기이다. 달에서 활용 가능한 태양 기원의 자원으로는 굳이 헬륨-3을 논하지 않아도 태양광 발전이 있다. 자기장과 대기가 없는 달의 표면으로는 태양 복사 에너지가 여과 없이 그대로 전달되므로 태양광 발전은 지구보다 달에서 더 유리하다. 태양광 발전은 이미 아폴로 시대부터 달 탐사 장비에 사용되고 있다. 다만 달의 하루는 지구의 29.53일에 해당하는 매우 긴 시간이므로 거의 보름을 주기로 태양광 발전이 가능한 시간과 불가능한 시간이 반복된다. 달의 자전축은 태양에 대해 거의 수직이므로(그림 1-10) 달의 극지방의 높은 산이라면 거의 항상 태양광 발전이 가능할 수도 있다. 태양광 역시 지구로 가져와 활용할 자원이 아니라 현지에서 사용할 자원이다.

달의 환경이 자원이 될 수도 있다. 달은 지구에 존재하는 각종 오염과 간섭으로부터 자유롭기 때문에 이를 환경 자원으로 활용할 수도 있을 것이다. 여기에 낮은 중력이 작업에 유리한 일이라면 금상첨화가 될 것이다. 우주 관측에 유리한 환경 역시 자원이라고 볼 수도 있을 것이다. 지금 당장의 경제적 가치는 그리 높지 않더라도 달의 암석과 토양에서 얻을 수 있는 자원으로는 앞서 언급한 헬륨-3 외에도 우라늄 등 방사성동위원소가 있으며, 희토류와 다양한 금속 자원 등 광물 자원도 있다. 이들은 효율적으로 채광하고 활용할 방법을 찾는다면 달에서 기지 건설과 유지에 사용할 매우 유용한 자원이 될 것이다.

달 자원을 연구하는 학자들은 크게 네 단계로 달의 자원을 구분하기도 한다. 1단계는 달 탐사를 수행하기 위해 현지에서 활용될 수 있는 달 자원으로, 약자로 ISRUIn Situ Resource Utilization(현지 활용 자원)라고도 한다. 2단계는 지구 궤도 및 달 궤도와 같은 가까운 우주 공간에서 수행하는 과학적·경제적 활동에 활용될 수 있는 자원, 3단계는 화성과 같이 태양계 다른 곳으로 가는 우주 탐사 활동에 활용될 수 있는 자원, 마지막 4단계는 지구로 가져오는 것이 경제적으로 이득인 자원이다. 이 네 단계가 서로 완전히 독립적인 것은 아니지만 대략 뒤로 갈수록 규모와 난이도가 커져 실현 가능한 시기도 늦어진다고 본다. 일반적으로 자원이라고 하면 4단계를 상상하는 것이 일반적이지만, 이는 좀 과장해서 달을 탐사하면서 인류가 곧 달로 이주할 것이라고 생각하는 것과 다를 바 없다.

광물 자원과 희토류

특정 자원이 경제성을 갖기 위한 대표적 조건에는 얼마나 농집되어 있는지와 접근성이 얼마나 좋은지가 포함된다. 유용 광물이 경제성을 가질 정도로 농집되어 있는 것을 광석ore minerals, ore이라고 한다. 예컨대 금광석, 철광석 등이 있고, 이로부터 유용한 광물이나 물질을 캐거나 뽑아내는 과정이 광업mining이다. 지구에서 광석이 생성되는 과정은 매우 다양하지만, 지질학적 환경이 다른 달에는 대부분 적용되지 않는다. 달에서 유용 광물 자원이 국지적으로 농축되어 있는지 여부, 즉 광석의 존재 여부는 거의 알려지지 않았다. 따라서 아직은 달 전체 또는 대규모로 일어난 지질 현상 위주로 살펴볼 수밖에 없다. 아마도 마그마의 바다에서의 결정작용, 특정 성분이 풍부한 달 현무암의 생성, 다양한 충돌작용과 관련된 현상 등이 달 광석 형성과 관련이 있는지 살펴볼 필요가 있다. 물론 달과 지구의 환경 차이로 인해 달 표면에 지구와는 다른 방법으로 특정 유용 광물 자원이 농집될 가능성에 대해서도 연구가 진행되어야 한다. 예를 들어 대기가 없고 매우 건조한 표면 환경으로 인해 발생한 정전기가 철 등 전기전도성이 좋은 금속 물질을 농집시킬 수도 있을 것이다. 이 부분은 아직 연구가 필요하므로 알려진 정보를 중심으로 달 암석과 토양에 포함된 광물 자원과 희토류 등 경제성 높은 원소의 함량 분포 등을 살펴보자.

달 표면에 어떤 성분이 존재하는지에 대한 정보로는 지구로 가져온 달 암석과 달 운석을 정밀 분석한 자료가 있으며, 특정 성분에 대한 원격탐사 결과가 있다. 전자는 정밀하면서 거의 모든 원소에 대한 정보인 반면, 위치가 제한적이다. 후자는 달 표면 전체에 대한 정보인 반면, 일부 원소에 대한 비교적 낮은 정밀도의 자료이다. 이 둘을 결합하면 달 표면 암석의 평균 조성을 추정할 수 있다.

표 7-1. 달 표면과 지각의 주성분 원소 평균 화학조성 비교(wt%)

	지구 대륙지각[1]	지구 해양지각[1]	달의 고지대[2]	달의 바다[2]
SiO_2	60.6	50.1	44.9	44.6
Al_2O_3	15.9	15.7	26.9	10.9
FeO	6.71	8.3	5.1	19.1
MgO	4.66	10.3	5.7	9.4
CaO	6.41	11.8	15.6	10.6
Na_2O	3.07	2.21	0.39	0.35
K_2O	1.81	0.11	0.15	0.11
P_2O_5	0.13	0.1		
TiO_2			0.37	4.7

1) Tang M. (2021) Composition of the Earth's Crust. In *Encyclopedia of Geology (Second Edition)* (eds. D. Alderton and S. A. Elias), pp. 178-186. Academic Press, Oxford.

2) Warren P. H. and Taylor G. J. (2014) 2.9 - The Moon. In *Treatise on Geochemistry (Second Edition)* (eds. H. D. Holland and K. K. Turekian), pp. 213-250. Elsevier, Oxford.

표 7-1은 달과 지구의 표면을 이루는 암석의 주성분 원소 평균 화학조성을 각각 달의 고지대와 바다, 지구의 대륙지각과 해양지각으로 나눠 비교한 것이다. 암석을 이루는 주성분 원소는 산화물의 형태로 나타내는 것이 일반적이다. 지구나 달의 암석은 주로 규산염 광물로 이루어져 있으므로(4장의 '달의 광물과 암석' 참조), SiO_2가 가장 풍부한 성분이다. SiO_2 함량이 45% 미만인 암석을 초고철질ultramafic, 45% 이상 52% 미만이면 고철질mafic, 52% 이상 63% 미만이면 중성질intermediate, 63% 이상이면 규장질felsic이라고 한다. 마그마의 분화가 진행될수록, 또는 여러 번 용융과 결정작용이 반복될수록 암석은 점점 규장질로 진화한다. 달의 지각은 지구에 비해 SiO_2 함량이 낮은 초고철질이며, CaO와 Al_2O_3의 함량이 높거나(고지대),

FeO와 TiO_2 함량이 높다(달의 바다). 주성분 원소의 평균 함량만 단순 비교한다면, 고지대 회장암은 알루미늄을, 달의 바다 현무암은 철과 타이타늄을 채광하기에 지구의 암석보다 평균적으로 유리하다. 특히 달의 바다를 이루고 있는 현무암에는 경우에 따라 TiO_2 함량이 최대 15wt% 이상 포함되어 있으며, 대부분 티탄철석ilmenite, $FeTiO_3$에 포함되어 있으므로(그림 7-1) 유용한 광석이 될 수 있다. 지구에서도 타이타늄은 주로 티탄철석에서 얻어진다. 타이타늄은 합금으로서 매우 우수한 성질을 가지고 있어 항공기, 우주선의 재료를 포함하여 다양한 용도로 사용된다. 물론 티탄철석에서는 타이타늄 뿐 아니라 철을 얻을 수도 있다. 고지대의 회장암은 화학식이 $CaAl_2Si_2O_8$인 회장석으로 주로 이루어진 암석이므로 당연히 알루미늄 함량이 높다(표 7-1). 지구의 경우 알루미늄은 대부분 암석의 풍화물인 보크사이트bauxite로부터 정제된다. 알루미늄 역시 주로 합금으로서 매우 다양한 용도로 사용된다. 알루미늄 합금은 특히 가볍고 쉽게 가공되는 성질 때문에 알루미늄 포일, 알루미늄 캔 등 일상용품뿐 아니라 창틀과 같이 다양한 건축자재와 자동차, 비행기 등 운송 수단 주요 부품의 재료로도 사용된다.

표 7-1에 포함된 주성분 원소 중 가장 풍부한 것은 산소이며, 두 번째가 규소이다. 산소, 규소, 철, 알루미늄, 타이타늄 등 주성분 원소는 지구로 가져올 4단계 자원이 될 가능성은 거의 없지만, 달에서 채광 및 정제 방법만 발달한다면 3단계까지의 자원으로서는 충분한 가치가 있다. 산소에 대해서는 뒤에서 다시 설명하려고 한다.

소량 포함되어 있더라도 가치가 있는 부성분 또는 미량원소 중

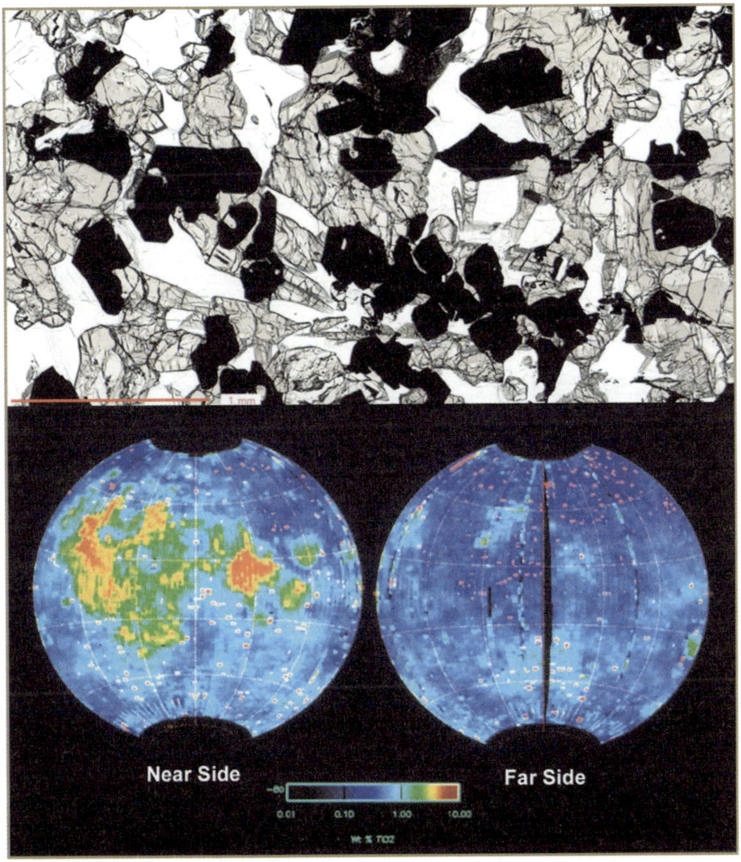

그림 7-1. 달의 타이타늄(Titanium)

(위) 고-타이타늄 현무암(70017)의 현미경 사진. 아폴로 17호 시료이며, 검은색의 불투명 광물이 모두 타이타늄 산화광물로서 대부분은 티탄철석($FeTiO_3$), 일부는 아말콜라이트($(Mg,Fe)Ti_2O_5$)이다. 이 암석의 TiO_2 함량은 약 13wt%이다. Image credit: NASA/OPEN university. (아래) 클레멘타인(Clementine) 분광기를 이용한 달 표면의 타이타늄 함량 분포. Image credit: NASA/LPI.

에는 니켈, 황, 희토류 원소, 방사성동위원소 등이 있다. 이 중에서 특히 관심을 받는 희토류 원소를 살펴보자. 희토류로 대표되는 고가의 희귀 광물 자원은 필요에 비해 지구상에서 희소성이 높은 물질이다. 자연계에 존재하는 약 90종의 원소는 대략 원자번호가 클수록 지수함수적으로 감소한다. 물론 원자번호 외에도 다양한 물리화학적 성질과 조건에 따라 원소의 함량은 달라진다. 암석을 구성하는 원소 중 0.1wt% 이하인 것을 미량원소trace elements라고 한다. 표 7-1에 포함되지 않은 원소 중 대부분이 지구의 지각을 구성하는 암석에서 미량원소이다. 미량원소 중에서 란타넘족(Lanthanide, 란탄 계열)을 희토류rare earth elements, REE라고 한다. 란타넘족은 원자번호 57번 란타넘Lanthanum, La부터 71번 루테튬Lutetum, Lu을 부르는 이름이다. 여기에 주기율표상에서 란타넘족 바로 위에 있는 39번 이트륨Yttrium, Y과 그 위의 21번 스칸듐Scandium, Sc을 REE에 포함시키기도 한다. 이들 원소는 지구화학적 특성 때문에 암석과 광물의 성인 및 진화 과정 규명에 유용하므로 미량원소 중에서도 구분해 연구한다. 희토류가 지구 지각의 미량원소 중에서 특별히 더 희귀한 원소는 아니며, 원소마다 다르지만 평균적으로 지구 지각에 수 ppm(μg/g) 내외로 포함되어 있다. 물론 암석과 광물의 종류에 따라 희토류 함량은 지수함수적으로 달라질 수 있다.

현재 희토류는 산업 전반에서 매우 다양하게 사용된다. 주요 용도는 촉매와 영구자석이다. 이 외에도 세라믹과 유리 등에 포함된다. 란타넘, 세륨Cerium, Ce 등은 석유 정제라든지, 한때 품귀현상으로 떠들썩했던 디젤 요소수의 환원 반응 촉매 등으로 사용된다. 네오디뮴Neodymium, Nd은 고체 레이저의 재료로, 또는 잘 알려진 것처럼 네오디뮴 자석 재료로 사용된다. 네오디뮴 자석은 전기 자동차 등의 전기 모터에 필수적이며, 컴퓨터의 하드 디스크, 작게는 마이크로폰과 스피커에도 들어간다. 이 외에도 희토류는 각종 조명이나 디스플레이의 색상 구현에 꼭 필요한 원소이기도 하다.

이처럼 현대 산업에서 널리 활용되는 희토류 원소는 정제 과정에서 강산을 포함한 다양한 화학물질을 사용하므로 환경오염 등 다양한 문제가 발생한다. 또한 희토류가 많은 경우 우라늄과 토륨 등의 함량도 함께 높기 때문에 정제 과정에서 의도하지 않게 방사성 물질이 농집되는 문제도 발생한다. 현재 전 세계 희토류의 대부분은 중국 내몽고 지방의 바이윈어보Bayan Obo 광구 등 몇몇 지역에서 생산되며, 희토류 생산과정에서 발생하는 환경오염은 종종 국제적 이슈가 되기도 한다.

과연 달 표면에는 얼마나 희토류가 농집되어 있는 것일까? 달의 희토류가 언급되는 이유는 4장에서 주로 소개한 KREEP 때문이다. KREEP이란 명칭은 포타슘(칼륨), 희토류 원소, 인 등이 상대적으로 풍부한 암석을 의미하지만, 이들 외에도 광물보다 마그마를 선호하는 성질의 원소가 농집된 현무암이다. 이는 달의 마그마 바다lunar magma ocean의 잔류 마그마가 달 표면으로 분출한 것으로 생각한다. 폭풍의 대양 KREEP 지대 등에 집중적으로 분포하며, 다른 지역의 현무암이나 고지대의 회장암 등과 비교하면 REE 함량이 10배 이상 높다. 앞서 언급한 중국의 바이윈어보 광구를 포함하여 현재 지구의 대표적인 희토류 광상의 희토류 원소 함량은 산화물REO 기준 약 1~10wt%이다. 이에 비해 달 KREEP 암석의 경우 0.2wt% 정도로, 지구 지각의 평균적인 암석보다는 확실히 높지만, 지구의 희토류 광상에 비하면 1/10 수준이다. 앞서 언급한 것처럼 희토류는 현재 정제 과정에서 환경오염 등 여러 문제가 발생하며, 많은 양의 물과 화학약품이 필요하다. 지구에서와는 다른 정제 과정을 개발하지 않는다면 달에서 희토류를 생산하는 것이 간단하지 않을 것이며, 지구의 희토류 광상에 비해 낮은 농도 때문에 지구로 가져와 정제하는 것은 결코 경제적이지 않을 것이다.

헬륨-3: 꿈의 자원일까? 풍선일까?

필자가 이 책을 쓰면서 방향 잡기 가장 곤혹스러웠던 주제 중 하나가 헬륨-3이다. 그 이유는 달의 헬륨-3이 자원으로서의 가치가 있는지 평가는 크게 엇갈리면서도, 대중적으로는 가장 자극적으로 소개되고 있는 달의 자원이기 때문이다. 필자는 달의 헬륨-3을 가치 있는 자원으로 활용하는 것은 지금은 물론 가까운 미래에도 현실성이 크게 떨어진다고 생각한다. 하지만 필자는 헬륨-3 전문가가 아니며, 어떤 이유에서든 가장 관심을 받는 달의 자원 중 하나가 헬륨-3이므로 최대한 중립적 입장에서 설명해 보고자 한다. 달의 헬륨-3이 주목받는 이유는 헬륨-3이 핵융합발전fusion power의 유력한 원료 중 하나가 될 수 있으며, 달 표층에 헬륨-3이 상대적으로 농집되어 있어 채취가 가능할 것이라는 두 가지 희망 때문이다. 헬륨-3에 대한 소개와 항성에서 일어나는 핵융합반응의 기본 원리는 『읽어보기 7-1』에서 간단히 설명하고, 본문에서는 헬륨-3을 이용한 핵융합

읽어보기 7-1.

항성에서의 핵융합반응

원자의 핵은 양성자와 중성자로 구성되며, 보통 양성자와 같거나 조금 더 많은 중성자를 갖는다. 양성자와 중성자의 질량이 거의 비슷하므로 이 둘의 수를 합친 것을 질량수(mass number)라고 한다. 양성자수는 같지만 중성자수가 달라 질량수가 다른 원소를 동위원소라고 하며(읽어보기 2-1), 양성자와 중성자 조합이 안정적인 경우 안정동위원소라고 한다. 안정적이지 않으면 방사성동위원소가 된다.

우주(universe)를 구성하고 있는 약 90종의 원소 중 수소와 헬륨이 차지하는 비율은 거의 98%에 달한다. 이는 우주의 원소가 빅뱅(Big Bang) 이후 양성자와 중성자로부터 출발했기 때문이다. 이후 점차 무거운 원소가 만들어지는 과정이 핵융합반응(nuclear synthesis 혹은 nuclear fusion)이다.

양성자가 1개인 원소는 원자번호 1번 수소(Hydrogen, H)이다. 또는 양성자는 질량수가 1인 수소의 핵이다. 양성자와 중성자가 하나씩 합쳐지면, 질량수가 2인 중수소(deuterium)가 된다. 중성자가 하나 더 합쳐져 질량수가 3이면 삼중수소(tritium)가 된다. 질량수가 1인 수소와 중수소는 안정동위원소이고, 삼중수소는 불안정한 방사성동위원소이다.

헬륨(Helium)이란 양성자가 2개인 원소이므로 원자번호가 2번이며, 기호는 He이다. 풍선을 채우는 기체로 우리에게 익숙한 원소이다. 헬륨은 끓는점이 무려 영하 269℃이므로 극저온을 유지하는 용도로 액체 헬륨이 과학과 산업 분야에 널리 사용된다. 우리가 사용하는 헬륨은 천연가스 추출과정에서 생산된다. 수소와 중수소가 높은 에너지를 가지고 충돌하면 질량수가 3인 헬륨(양성자 2개 + 중성자 1개)이 만들어질 수 있다. 여기에 중성자가 1개 더 합쳐지면 질량수가 4인 헬륨이 만들어진다. 이 두 헬륨 동위원소는 안정동위원소이다. 헬륨-3은 중성자수가 양성자수보다 적은데, 이러한 예는 우주에 존재하는 안정동위원소 중 헬륨-3과 질량수가 1인 수소 이렇게 2개

뿐이다. 나머지 안정동위원소는 모두 중성자수와 양성자수가 같거나 중성자가 더 많다.

수소와 헬륨은 태양의 98%를 차지하고 있는 주구성원소이며, 태양의 핵에서 일어나는 핵융합반응의 원료이자 생산물이다. 태양의 핵은 온도가 약 천 5백만($\sim 1.5 \times 10^7$)°C, 압력이 약 2천 5백억($\sim 2.5 \times 10^{11}$) 기압에 이르며, 수소 핵융합반응(hydrogen burning)이 일어나고 있다. 항성에서 일어나는 수소 핵융합반응에는 양성자-양성자 연쇄 반응(proton-proton chain)과 CNO 순환(CNO cycle)이 있다. 그림 7-2는 이 두 반응의 모식도이다. 양성자-양성자 연쇄 반응에서는 양성자(수소 원자의 핵) 2개가 충돌해 중수소를 만들고, 중수소에 다시 양성자가 충돌해 헬륨-3이 만들어진다. 헬륨-3 2개가 충돌하여 헬륨-4와 2개의 양성자를 방출한다. 결국, 첫 단계에서 4개의 양성자가, 두 번째 단계에서 2개의 양성자가 사용되므로 총 6개의 양성자가 사용되고, 마지막 단계에서 2개의 양성자와 헬륨-4 1개가 방출되므로, 알짜 반응은 양성자 4개가 헬륨-4 1개를 만드는 과정이다. CNO 순환이란 탄소, 질소, 산소의 동위원소가 일종의 촉매처럼 사용되는 핵융합반응이다. 반응 속도를 고려하지 않는다면 알짜 반응 역시 양성자 4개가 헬륨-4 1개를 만드는 과정이다. 하지만 단계별로 반응이 쉽게 일어나는 것도 있고 그렇지 않은 것도 있으므로 CNO 동위원소의 비도 달라진다.

태양과 같은 주계열성(main sequence star)이 핵에서 수소를 거의 소모하고 나면, 핵에서 더 이상 에너지를 생산하지 않으므로, 항성의 핵은 중력 수축하고 이는 중심부의 압력 증가와 온도 상승으로 이어진다. 하지만 외곽이 부풀어 오르면서 항성의 표면 온도는 낮아지는 적색거성이 된다. 핵 온도가 충분히 올라가면 헬륨-4의 핵, 즉 알파입자(α particle) 2개가 충돌해 베릴륨(Beryllium, Be)-8을 만들고, 여기에 다시 알파입자 하나가 충돌해 탄소-12를 만드는 삼중-알파 과정(triple alpha process)이 일어난다. 이 과정을 헬륨 연소(helium burning)라고도 부른다.

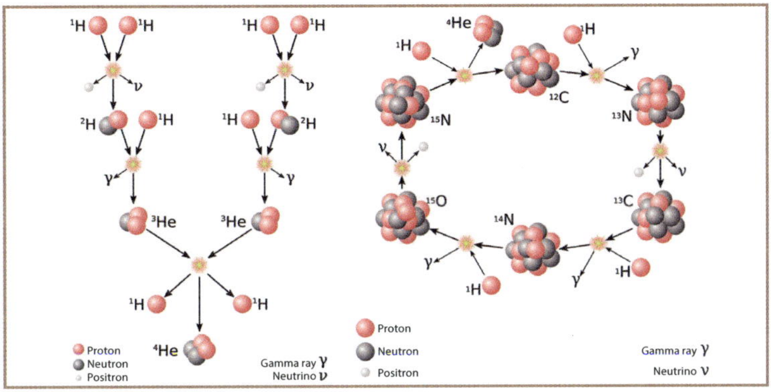

그림 7-2. **양성자-양성자 연쇄 반응(왼쪽)과 CNO 순환(오른쪽) 모식도**
두 반응 모두 4개의 양성자(수소-1의 핵)가 1개의 알파입자(헬륨-4의 핵)를 만든다.

발전의 기본 아이디어와 달에 왜 그리고 얼마나 헬륨-3이 농집되어 있는지를 살펴보자.

핵융합은 현재 원자력 발전소에서 사용하는 핵분열nuclear fission에 비해 효율이 높고 방사능 오염 등 부작용도 적다. 하지만 엄청난 고온이 필요하고 기술적으로 훨씬 어려워 아직은 연구 및 기술 개발 중이며 실용화되지는 못하고 있다. 그렇지만 핵융합은 미래 언젠가 주요 에너지 자원 중 하나가 되지 않을까 기대한다. 『읽어보기 7-1』에서 소개한 항성에서 일어나는 수소 또는 헬륨 핵융합반응이 차세대 에너지로 연구 중인 핵융합발전의 기본 모티브가 되었겠지만, 그림 7-2와 같은 동일한 반응을 그대로 이용할 수는 없다. 복잡한 핵물리 개념 없이 간단히 그 이유를 설명한다면, 확률의 문제다. 대표적인 예로, 양성자-양성자 연쇄 반응에서 첫 번째 반응으로 고온에서 양성자와 양성자가 충돌한다고 무조건 중수소의 핵이 만들어지는 것이 아니다. 양성자와 양성자가 서로 반발하는 힘을 이기고 융합반응이 일어나 중수소로 합쳐질 확률이 '매우' 낮아서, 항성의 핵에서 양성자 하나의 평균 수명이 90억 년 정도라고 한다. 이렇게 확률이 낮아도 항성에서는 큰 문제가 되지 않는다. 워낙 밀도가 높고 반응에 참여할 양성자의 수가 많기 때문이다. 하지만 실험실이나 원자로에서는 쓸 수가 없다. 따라서 확률이 더 높은 반응, 대표적으로 중수소와 삼중수소가 충돌해 헬륨-4를 만드는 반응 (${}^{2}_{1}D+{}^{3}_{1}T\rightarrow{}^{4}_{2}He+n+17.57\,MeV$)을 사용한다.

수소는 산소와 함께 물H_2O을 구성하는 원소이고 수소 중 약 0.0145%가 중수소이다. 함량이 낮은 것 같지만 지구에는 물이 풍부하므로 중수소를 확보하는 것은 문제가 안된다. 삼중수소는 반감기가 12.32년으로 짧은 방사성동위원소로, 자연 상태에서는 거의 존재하지 않으므로 리튬에 중성자를 충돌시키는 반응 (${}^{7}_{3}Li+n\rightarrow{}^{4}_{2}He+{}^{3}_{1}T+n$)으로 만들어야 한다. 이 모든 일이 가능하기 위해서는 1억°C 이상의 초고온이 필요하며, 생성된 플라즈마plasma를 가둬둘 수 있어야 한다. 가열에는 레이저를 사용하며, 플라즈마를 가두기 위해 강력한 자기장을 이용한다. 아직은 극복해야 할 문제가 많지만, 모든 일이 만족스럽게 진행되더라도 위 두 반응식은 중성자를 방출한다. 고에너지의 열중성자는 주변의 모든 물체와 충돌해 중성자 핵융합반응을 일으킨다. 이때 생성되는 동위원소 중에는 자연 상태에는 존재하지 않거나 매우 희귀한, 반감기가 짧은 방사성동위원소가 만들어질 수 있다. 이런 방사성동위원소가 붕괴하면서 지속적으로 방사능을 방출한다.

핵분열을 이용하는 현재의 핵발전에 거부감을 갖는 이유는 당연히 방사능 오염 때문이다. 물론 다양한 안전장치가 있어 크게 우려할 부분은 아니지만, 방사능 오염을 걱정할 필요가 없다면 금상첨화일 것이다. 방사능 오염에는 사용하고 남은 핵연료봉 외에도 위에 설명한 중성자에 의한 오염 물질이 포함된다. 핵융합반응은 방사성동위원소가 남는 것도 아니며, 핵분열반응에 비하면 적은 양의 중성자를 방출한다. 종종 청정에너지로 인용되는 이유이다. 하지만 만약 중성자조차 방출하지 않는다면 궁극의 청정에너지가 될 수도 있을 것이다.

헬륨-3을 이용한 핵융합반응이 그렇다. 중수소와 헬륨-3을 충돌시키면 헬륨-4와 양성자가 만들어지는 핵융합반응($^{2}_{1}D+{}^{3}_{2}He \rightarrow {}^{4}_{2}He+{}^{1}_{1}H+18.35\,MeV$)이 일어날 수 있다. 수식에서 보는 것처럼 생성물은 헬륨-4와 수소뿐이다. 방사성동위원소도 포함되어 있지 않고, 중성자가 방출되지도 않는다. 하지만 지구에는 헬륨-3이 거의 없으므로 기술적으로 가능하다고 해도 그림의 떡이다. 그럼 헬륨-3만 있으면 궁극의 연료가 될 수 있을까? 현재로는 아니다. 그 이유는 중수소-삼중수소 반응에 비해 훨씬 구현하기가 어렵기 때문이다. 앞서 항성에서 일어나는 양성자-양성자 연쇄 반응을 핵융합발전에 응용하지 못하는 이유는 확률의 문제라고 했다. 이를 좀 더 전문적인 용어로 반응 단면적nuclear cross-section이라고 한다. 중수소-삼중수소 반응에 비해 헬륨-3과 중수소 반응은 반응 단면적이 더 작고, 더 높은 온도가 필요하다. 간단히 말해 에너지를 생산할 만큼 충분한 수의 반응을 일으키기가 더 어렵다. 헬륨-3과 헬륨-3

반응은 이보다도 더 어렵다. 헬륨-3 옹호론자들이 흔히 간과하는 부분이다.

수소와 헬륨은 태양계를 포함하여 우주를 구성하는 주성분이지만, 대표적인 휘발성 원소이기 때문에 암석질 전체에는 결핍되어 있다. 하지만 수소는 산소와 함께 물을 구성하는 원소이므로 지구 표면에 매우 풍부하다. 반면 불활성 기체인 헬륨은 다른 원소와 결합하지 않고 기체로만 남아 있으려 하므로 고체 천체에는 생성 당시 처음부터 포함되지 않았고, 소량 포함된 경우에도 비교적 쉽게 대기 중으로 빠져나간다. 또한, 수소 다음으로 가장 가벼운 원소이므로 대기 상층으로 이동한 후 유출되어 버린다. 생성 초기부터 포함되어 있던 것을 원시primordial 헬륨이라고 하는데, 지구의 경우 원시 헬륨은 거의 남아 있지 않다. 하지만 헬륨-4는 방사성동위원소 붕괴 중 대표적으로 우라늄의 붕괴에 의해 생성된다. 헬륨-4의 핵인 알파입자를 방출하는 붕괴를 알파붕괴α decay라고 한다. 알파붕괴에 의해 우라늄 등을 가진 광물에는 시간이 지남에 따라 점점 헬륨-4가 많아진다. 지구가 가진 헬륨은 대부분 이런 알파붕괴에 의한 헬륨-4이고, 우리가 헬륨 가스, 액화 헬륨 등으로 사용하는 헬륨은 대부분 이렇게 만들어진 것이다. 하지만 헬륨-3은 모두 원시 헬륨이므로 지구에는 그 양이 극히 적다. 지구에서 발견되는 헬륨은 백만분의 1 정도가 헬륨-3이고 나머지가 모두 헬륨-4이다. 원료가 거의 없으므로 지구 자원을 이용한 헬륨-3 핵융합발전은 의미가 없다.

원시 헬륨 중 헬륨-3의 비율은 지구보다 100배 정도 높아, 약

만분의 1이 헬륨-3이다. 태양풍에는 더 가벼운 (동위)원소가 더 많이 불어나오므로 헬륨-3 비율이 늘어나 헬륨-3과 헬륨-4의 비율이 1:2,000 정도로 알려져 있다. 달 표층에 존재하는 헬륨은 대부분 태양풍의 헬륨 조성비를 가질 것이므로 지구에 비해서는 헬륨-3의 비율이 매우 크다. 태양풍은 거의 96%가 수소이며, 헬륨이 4%, 나머지는 0.1% 또는 그 이하로 알려져 있다. 태양풍은 광물 표면 1μm 이하 깊이로 주입되며, 입자의 크기가 작아질수록 총 표면적은 늘어나므로 암석보다는 토양에 더 많은 태양풍이 주입될 수 있다. 달의 토양에 주입된 태양풍의 총량은 평균 30~100ppm(μg/g) 수준이라고 한다. 물론 특정 지역의 총량은 토양 입자의 크기, 태양풍에 노출된 시간(성숙도)에 따라 달라지며 앞면이 지구 자기장의 영향을 더 받으므로 앞면과 뒷면이 다르다. 당연히 달의 위도에 따라서도 달라진다. 광물에 따라서도 달라져, 티탄철석에서 최소 10배에서 최대 100배까지 높게 나타난다고 한다. 태양풍은 표면 1μm 이하 낮은 깊이로 주입되지만, 거듭된 충돌로 달의 표토층은 계속 뒤집히므로 수 미터 깊이까지 태양풍이 주입된 층이 존재하는 것으로 알려져 있다.

달 표면 전체의 헬륨-3의 양은 백만 톤 정도로 추정된다고 한다. 에너지로 환산하면 현재 소모량 기준으로 인류가 1,000년 이상 사용할 수 있는 양이라고 한다. 보통 기사는 이런 내용만 뽑아서 자극적으로 소개한다. 하지만 어떤 경우든 총량은 사실 아무런 의미가 없고 특정 장소에 농집되어 경제성이 있어야 한다. 이런저런 오류가 있을 수 있다는 점은 염두에 두고 간단한 계산을 해보자.

700℃ 정도면 달 토양 내 주입된 수소와 헬륨이 방출된다고 한다. 수소는 달에서의 산소 추출 등에 필요한 환원제로 사용할 수도 있고, 미래에 로켓 연료로 사용될 수도 있을 것이다. 태양풍의 4% 정도가 헬륨이고 이중 대략 2,000분의 1이 헬륨-3이므로, 암석 1g 당 태양풍을 100μg 뽑아낸다고 가정했을 때 헬륨-3은 2ng 단위가 된다. 다른 말로 헬륨-3 1g을 얻기 위해서는 500톤의 토양을 가열해야 한다는 의미이다. 이는 평균적인 달 토양을 가정하여 최대 효율로 헬륨-3을 뽑아낸다는 가정하의 계산이다. 이미 원격탐사에 의해 타이타늄 지도(그림 7-1)와 헬륨-3 분포 지도가 만들어져 있다. 이를 이용해 예를 들어 헬륨-3 함량이 10배 정도 높은 곳을 찾는다면 50톤의 토양에서 1g의 헬륨-3을 얻을 수도 있다. 그렇다면 지구로 가져와 핵융합발전에 사용하려면 얼마만큼의 달 토양을 가열해야 할까?

헬륨-3의 가능성을 높게 평가하는 견해도 분명히 존재한다. 예를 들어 3장에서 소개한 것처럼 아폴로 우주인 중 유일한 과학자인 잭 슈미트는 달의 헬륨-3 활용 가능성의 적극적 옹호자 중 한 명이다. 하지만 헬륨을 지구로 가져와 헬륨-3을 이용한 핵융합발전 연료로 사용하는 것이 언제쯤 가능할 것인지, 또는 과연 가능하기는 할 것인지 아직은 긍정적 판단을 하기 쉽지 않다.

중수소와 삼중수소를 이용한 핵융합발전도 아직 연구 개발이 진행 중인데, 헬륨-3과 중수소를 이용한 핵융합발전은 이론 수준에 머물러 있을 뿐 아니라 중수소와 삼중수소 핵융합발전에 비해 훨씬 어렵다. 물론 관련 연구는 지속적으로 진행해야 한다. 하지만 언제 가능할지 모를 헬륨-3 핵융합발전을 위해 미리 달에서 헬륨-3을 확보하는 것은 순서가 크게 잘못된 것 같다. 헬륨-3이 상대적으로 농집된 지역을 찾는다고 해도 다량의 토양을 채취해 가열하고 수소와 헬륨 등을 분리한 뒤, 여기서 다시 헬륨을 그리고 이로부터 헬륨-3을 분리해 내야 한다. 헬륨을 기체 상태로 지구로 가져오기엔 부피가 너무 크다. 따라서 액화 헬륨으로 만들어 지구로 가져와야 한다. 이 모든 과정이 얼마나 경제적일지도 불분명하다. 물론 달의 헬륨-3 분포와 농집 과정 등에 대한 연구는 반드시 필요하다. 순수한 과학적 연구로서도 그렇고, 미래의 자원 후보로서도 그렇다. 다만 당장 또는 가까운 미래에 활용 가능한 꿈의 자원처럼 과장할 정도는 아님을 지적하려는 것이다. 헬륨 풍선 같은 느낌이다.

태양열과 태양광의 활용

태양 에너지를 활용하는 방법에는 열을 이용하는 방법과 빛(광자)을 이용하는 방법이 있다. 태양열 에너지solar thermal energy는 말 그대로 태양열을 이용하는, 예를 들어 태양열에 의해 물의 온도를 높이거나 이를 이용하여 전기 에너지 등으로 전환하는 것이며, 태양광발전photovoltaics은 반도체를 이용하여 태양광을 전기로 바꾸는 것으로 요즘 많이 볼 수 있는 태양 전지판solar panel이 그런 역할을 한다.

태양 에너지는 이미 아폴로 프로그램에서부터 활용한 예가 있으며 가장 현실적인 달의 현지 에너지 자원이 될 수 있다. 물론 이는 달에서 활용할 경우이고, 지구로 가져와야 한다면 필요한 양이 크게 증가하고 지구까지 효율적으로 수송해야 하므로 다른 차원의 문제가 된다. 이를 위해 달의 앞면과 뒷면에 모두, 또는 달의 적도를 두르는 태양 전지판 띠를 둘러 항상 태양 에너지를 획득하고, 레이저나 마이크로웨이브microwave를 이용하여 지구로 보내자는 아이디어도 제안되었다. 여기에 소모되는 엄청난 양의 태양 전지판 제작은 달의 자원을 이용해 가능하다는 의견도 있다. 예를 들어 태양 전지판의 반도체에 필요한 실리콘은 달의 암석에서 두 번째로 풍부한 원소인 규소(표 7-1)를 활용하면 된다는 것이다. 그러나 달에서 태양 에너지를 모아 지구로 보내는 것은 달에서 필요한 에너지를 먼저 충족시킨 후 단계적으로 고민할 문제이다.

달과 지구의 태양으로부터의 거리는 사실상 같다고 볼 수 있으므로, 단위 면적당 들어오는 태양 에너지도 같다. 다만 지구에서는 대기와 구름이 태양 에너지를 반사·흡수하므로, 이런 일이 없는 달에서 더 많은 태양 에너지가 표면까지 도달한다. 고등학교 지구과학에서 배우는 지구의 복사 평형을 떠올려보면 지구로 들어오는 태양 복사 에너지는 약 340W/m^2인데, 대기가 약 20%를 흡수하고 약 30%는 우주로 반사하여 50%를 지표가 흡수한다. 여기서 7%는 지표면이 반사하므로, 태양광 발전에 사용될 수 있는 에너지는 전체 태양 복사 에너지의 57%라고 할 수 있다. 대기가 없는 달의 표면에는 태양 복사 에너지가 100% 도달하므로, 지표면보다 달 표면에서 사용 가능한 단위 면적당 태양 에너지가 1.75배 더 많다고 할 수 있다. 달의 하루는 지구의 29.53일에 해당하지만, 낮과 밤의 길이는 어차피 반반이므로 1년과 같이 긴 시간을 기준으로 하면 태양 에너지를 받는 시간은 비슷하다. 다만 주기의 길이에 따른 차이가 있을 수 있고, 낮에 저장한 태양 에너지의 일정 부분을 밤을 위해 사용해야 하므로, 극도로 추워지는 달의 밤에 더 많은 에너지를 소모할 것은 분명해 보인다.

달에서의 태양열 발전은 분명 이점이 있다. 태양열로 발전을 하기 위해서는 물을 증기로 바꿔 터빈을 돌려야 한다. 지구의 경우 거울 등을 이용하여 태양광을 집적시켜 온도를 높이지만, 달의 낮 온도는 120℃ 이상으로 올라가므로 지구에 비해 태양열 발전에 매우 유리하다. 물론 태양광 발전과 달리 물이 필요하고 별도의 발전 시설도 필요하다.

물과 산소 그리고 주거지

달에 인류가 장기 체류하기 위해서는 주거시설, 물, 산소와 음식 등이 필요하다. 이를 현지 조달하기 위해 달의 토양regolith을 다양하게 활용하는 방안이 연구되고 있다. 우선 달의 토양은 앞서 소개한 광물 자원 추출의 원재료가 된다. 지구에서 모래와 시멘트를 이용해 벽돌이나 콘크리트 구조물을 만드는 것처럼, 달의 토양을 재료로 3D 프린팅 기법을 활용하여 건축자재 등 구조물을 만드는 연구도 진행 중이라고 한다. 보통 '전자레인지'라고 부르는 '마이크로웨이브 오븐microwave oven'을 이용하면 쉽게 음식물을 데울 수 있는 것

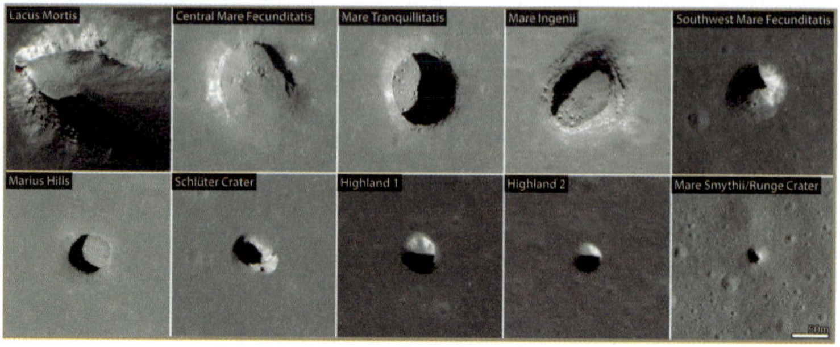

그림 7-3. **달 표면에서 발견된 다양한 크기의 함몰분화구**

내부에 주거 공간을 건설한다면, 우주 입자 등으로부터 보호를 받고, 낮과 밤의 온도차도 완화할 수 있다. Image credit: NASA.

처럼, 물체에 마이크로웨이브를 쏘이면 온도를 높일 수 있다. 이를 응용해 달의 토양에 마이크로웨이브를 쏘아 녹여 붙여서 포장도로처럼 만드는 기술도 제안되었다. 용암 동굴 등 적절한 크기와 구조적 안정성을 가진 자연 동굴은 주거 공간 또는 저장 공간으로 활용될 수 있다. 화산 폭발 후 만들어진 소규모의 함몰 구조인 함몰분화구pit crater(그림 7-3) 내부에 거주 공간을 건설하는 것도 제안되었다.

인류가 달에 기지를 건설하고 생활하기 위해서는 생존을 위한 물과 산소가 필수적이다. 먼저 산소의 경우 산소 원소 자체가 부족한 것은 아니다. 달의 표면 암석의 평균 산소 함량은 45% 내외로 사실상 가장 풍부한 원소이다. 이는 지구도 마찬가지이다. 하지만 우리가 필요로 하는 산소는 산소분자 O_2이며, 광물 내 다른 원소와 결합하고 있는 산소는 화학적으로 분리해 내지 않으면 자원으로서 가치가 없다. 지구에서는 극단적인 상황이 도래하지 않는다면 아무도 많은 에너지를 소모해 가며 광물에서 산소를 분리해 사용하려 하지 않을 것이다. 달의 경우 지구에서 가져가는 것이 경제적이냐 아니면 현지 광물에서 분리하는 것이 경제적이냐에 따라 달 광물 내 산소의 자원 여부가 결정된다. 당연히 달에 간 우주인 몇 명이 짧은 기간 사용할 정도의 소량이라면 지구에서 가져가는 것이 경제적일 것이고, 수많은 사람이 장기간 사용하거나 로켓의 산화제 등 다른 용도로도 다량 필요하다면 달에서 뽑아 쓰는 것이 경제적일 것이다.

달에서 산소를 추출하는 가장 간단한 방법은 달에 존재하는 물, 예를 들어 극지방의 얼음을 산소O_2와 수소H_2로 전기분해electrolysis하는 것이다. 물론 선행조건으로 얼음을 먼저 구해야 하는데 여기에 대해서는 뒤에서 살펴보자. 극지방의 얼음이 아니라도 달의 암석과 토양에는 평균 45% 정도의 산소가 포함되어 있다. 예를 들어 암석에 포함된 철 산화물을 900℃ 이상 고온에서 수소와 반응시키면 환원 반응이 일어나 철과 물로 분해된다($FeO + H_2 \rightarrow Fe + H_2O$). 물은 다시 전기분해를 통해 산소와 수소로 분리하고, 수소는 다시 환원 반응에 사용하면 된다. 물론 반응의 효율과 손실을 생각했을 때 수소가 추가로 더 필요할 것이다.

최근에는 열탄소 환원법carbothermal reduction process을 이용하여 달 모사토에서 성공적으로 산소를 추출했다는 발표가 있기도 했다. 달의 토양을 이루고 있는 광물은 화학적으로 MgO, SiO_2, FeO, Al_2O_3 등으로 이루어져 있는 것과 마찬가지이다. 예를 들어 MgO과 탄소를 고온에서 반응시키면 마그네슘Mg과 일산화탄소CO가 생성된다. 일산화탄소를 다시 수소와 반응시키면 탄소와 물H_2O이 만들어진다. 탄소는 다시 첫 번째 반응에 사용하면 되고, 물은 전기분해시켜 수

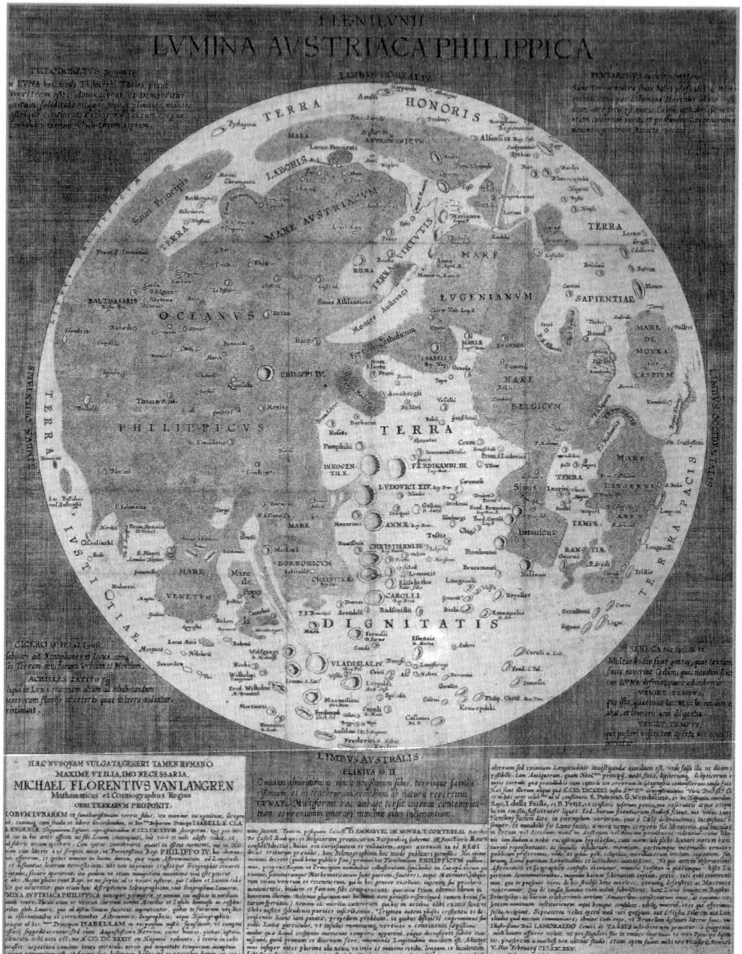

그림 7-4. **네덜란드 천문학자 미카엘 판 랑런(Michael Van Langren)이 1645년 발표한 달 표면 지도**

알려진 최초의 달 표면 지도이다. 바다(Mare), 만(Sinus) 등 바다 또는 물과 관련된 지형 명칭이 사용된 것을 볼 수 있다.

소와 산소를 얻는다. 수소는 다시 두 번째 반응에 사용된다. 결국 알짜 반응은 MgO을 마그네슘과 산소$_{O_2}$로 분해하는 것이다.

산소와 함께 가장 중요한 달의 자원 중 하나는 바로 물이다. 이 둘은 우주인의 생존과 생활에 필수적이다. 앞으로 달에서 어떤 공업 활동을 한다면 지구에서와 마찬가지로 달에서도 다량의 물이 필요할 수 있다. 또한, 물의 전기분해로 얻어지는 수소와 산소는 각각 로켓엔진의 연료와 산화제로도 필요하다.

달 표면에서 물의 존재 여부에 대한 인류의 견해는 계속해서 변해 왔다. 4장 등에서 소개한 것처럼 달 표면 지형 중 어둡고 낮은 곳에는 바다mare 또는 대양oceanus 등의 명칭이 붙어 있다. 달 관측 초창기인 17세기에 천문학자들이 지구처럼 물이 있는 곳으로 오해해서 붙여진 명칭이 지금까지 사용되고 있다(그림 7-4). 이후 천문학적 관측 결과 달은 대기가 없는 천체라는 것을 알게 되었고, 대기가 없다면 당연히 물도 존재할 수 없다는 결론에 도달했다. 아폴로 프로그램 등으로 가져온 달 시료가 매우 건조하다는 것은 이런 결론을 지지하는 것처럼 보였다. 하지만 일부 과학자들은 달 극지방의 영구음영지역에 얼음이 존재할 가능성을 지적했고 원격탐사 등을 통해 이를 확인하려는 시도가 이어졌다(그림 7-5, 7-6). 또한 아폴로 시대보다 더 높은 정밀도로 달 암석을 새롭게 분석하고, 달 표면의 분광 관측을 시도하여 달이 완전히 건조하지는 않다는 결론에 도달했다.

'달의 표면은 지구의 사막보다도 훨씬 더 건조하며 물이 없다'는 표현과 '달의 표면에도 물이 존재한다'는 표현은 서로 대립되는 내용으로 보이지만 상황에 따라서 두 표현 모두 잘못된 것이 아니

그림 7-5. **달의 남극(왼쪽)과 북극(오른쪽)**

NASA의 LRO 영상이다. 남극 사진에서는 위쪽이, 북극 사진은 아래쪽이 지구를 향한 앞면이다. 극점에 가까운 충돌구 안쪽에는 깊은 그늘이 드리워져 있어 얼음이 보관되기에 적합한 환경이다. 최근의 달 탐사는 이들 극지방에 집중되고 있다. Image credit: NASA/GSFC/Arizona State University.

그림 7-6. **달 표면 물 분자 분포 지도. NASA의 M^3**

M^3는 인도의 찬드라얀 1호(Chandrayaan-1)에 실려 발사되었으며 분광 관측을 통해 광물 분포와 물 분자 분포 지도를 만들었다. 극지방의 푸른색은 물 분자가 존재함을 의미한다. Image credit: ISRO/NASA/JPL-Caltech/Brown University/USGS

다. 우선 물은 좁은 의미로는 우리가 가장 일반적으로 알고 있는 액체 상태의 물을 의미하지만 넓은 의미에서는 화학식 H_2O인 분자(고체 얼음, 액체 상태인 물, 기체 상태인 수증기) 또는 수산화이온 OH^-까지 포함한다. 수산화이온을 포함한 광물을 함수광물hydrous minerals이라고 한다. 지구는 태양계에서 유일하게 표면에 네 가지 종류의 물이 모두 존재하는 곳이다. 달의 물은 대부분 달 극지방의 영구음영지역에 얼음으로 존재할 것으로 추정한다. 영구음영지역의 물은 혜성 등이 공급했을 가능성이 크며, 따라서 메탄 CH_4이나 암모니아 NH_3와 같은 다른 휘발성 물질도 함께 발견될 것이다. 영구음영지역 외에 달에서 발견되는 물은 토양을 이루고 있는 광물에 극소량 포함된 수산화이온 형태가 대부분이다. 이는 태양풍의 주성분인 수소가 달의 광물에 포함된 철 산화물을 환원시키면서 산소와 결합해 만들어진 것으로 보인다. 이렇게 형성된 물의 함량은 최대 0.1%까지로 물론 지구의 함수광물과 비교할 수준은 아니다.

그림 1-10 등에서 설명한 것처럼 달의 자전축은 황도면에 거의 수직이므로 달의 극지방의 충돌구 내부에는 영원히 태양광이 도달하지 않는 영구음영지역이 존재한다(그림 7-5). 이런 곳에 얼음이 존재할 가능성은 1961년 당시 칼텍의 대학원생이었던 케네스 왓슨Kenneth Watson과 지도교수였던 해리슨 브라운Harrison Brown, 1917~1986 교수와 브루스 머레이Bruce Murray, 1931~2013 교수가 함께 쓴 논문 「달에 얼음이 존재할 가능성에 대하여On the possible presence of ice on the Moon」에서 처음 제기한 것으로 알려져 있다. 사실상 첫 번째 달 원격탐사인 1994년 발사된 클레멘타인 등에 의해 극지방에 물이 존재할 가능성이 높다

는 것이 알려졌고, LRO의 영상에 의해 영구음영지역의 구체적 위치가 확인되었다(그림 7-5). 극지방 물 분자의 존재가 확인된 것은 2009년 발사된 NASA의 달 광물 지도 제작선Moon Mineralogy Mapper, M^3에 의해서이다. M^3는 분광 관측을 통해 달 표면에 광물 분포와 물 분자 분포 지도를 만들었으며, 2018년 달 극지방에 물 분자가 존재한다는 탐사 결과를 발표했다(그림 7-6).

달 극지방의 얼음이 마치 지구 극지방의 빙하처럼 커다란 얼음 덩어리로 존재하는 것은 물론 아니며, 토양에 미세한 얼음 알갱이가 섞여 있는 형태일 것이다. 아마 시베리아 같은 극지방의 얼어 있는 땅, 영구동토permafrost와 비교하는 것이 조금 더 가까울 것이다. 달의 동토에서 물을 뽑아내기 위해서는 토양을 가열해 얼음을 수증기 상태로 만들어 분리하면 된다. 가열해 빠져나온 기체에는 수증기뿐 아니라 이산화황SO_2, 메탄NH_3, 이산화탄소CO_2 등 여러 휘발성 성분이 포함되어 있을 것이므로 이를 다시 분리하는 과정을 거쳐야 한다. 가열에는 태양광을 포함하여 현지 활용 가능한 에너지를 이용할 수 있다. 다만 영구동토층이 어두운 충돌구의 내부에 주로 분포할 것이므로 여기까지 에너지와 장비를 끌고 가거나 에너지와 장비가 있는 곳으로 얼음을 포함한 토양을 가져오는 과정이 결코 기술적으로 간단하지는 않을 것이다. 만약 극지방의 물 대부분이 얼음 알갱이가 아니라 함수광물 내 수산화이온으로 존재한다면 상황은 좀 더 복잡해진다. 1기압을 기준으로 물은 100℃에서 끓지만, 수산화이온이 빠져나오는 탈수반응은 200℃ 이상의 온도에서 일어나기 때문이다. 앞으로 달 탐사의 규모와 달의 활용 가능성은 극지방 등에서 얼마나 많은 물(얼음)을 발견하고, 얼마나 효율적으로 확보해 사용할 수 있느냐에 크게 영향을 받을 것이다.

관광 자원

달 관광이라면 경비 문제는 일단 차치하더라도 달에 가는 것 자체로 엄청난 관광 상품이 될 것이다. 좀 더 구체적으로는 아폴로 11호 등 역사적인 착륙지점 또는 미래에 건설 중이거나 사용 중인 기지를 방문할 수도 있을 것이다. 크고 작은 충돌구 등 달을 상징하는 곳을 살펴보거나, 달의 암석이나 토양을 기념품으로 조금 가져오는 프로그램도 있다. 1/6의 낮은 달의 중력에서 걸어 보는 것만으로도 충분한 관광 가치가 있지 않을까? 착륙하지 않더라도 달 주위를 돌면서 달의 뒷면을 보고 오는 코스 등 다양한 관광 상품이 개발될 수 있을 것이다. 물론 달 궤도에서 바라보는 지구는 덤이다. 흔히 지구돋이earthrise(그림 7-7)라고 하는 달의 지평선 너머 지구가 떠오르는 장면을 보며 감격할 수도 있을 것이다. 사실 달 표면에서는 지구돋이를 볼 수 없다. 달이 지구를 기준으로는 자전하지 않는 것과 마찬가지기 때문이다. 하지만 달 주위를 우주선을 타고 도는 경우 달의 뒷면에서 지구가 가려졌다가 앞면 쪽으로 비행하면서 마치 지구가 떠오르는 것과 같은 지구돋이 현상이 관찰된다.

달 관광을 실현하기 위한 노력이 현재 진행 중이며, 남들보다 먼저 이런 경험을 하기 위해 기꺼이 거액을 지불할 사람도 있을 것

그림 7-7. **지구돋이**

아폴로 8호의 우주 비행사 윌리엄 앤더슨이 1968년 12월 24일 달 주위를 돌면서 촬영한 사진. 아폴로 11호 정도는 아니더라도 최초로 인류를 달 궤도에 보낸 미국의 업적을 상징하는 사진이다. 앞으로 달 여행 시 필수 관광 코스가 되지 않을까? Image credit: NASA.

이다. 엄청난 경비가 들어가는 사람이 직접 방문하는 관광이 아니라도, 달에 작고 가벼운 기념품 정도를 보내 주는 서비스는 이미 상품화가 진행 중이다. 사람이 달에 직접 가는 구체적 계획인 디어문 프로젝트dearMoon project는 스페이스엑스의 우주선을 이용하여 달 궤도를 한 바퀴 돌고 돌아오는 프로그램이다. 탑승자도 선발되었고 최초 발사 계획은 2023년이었지만, 우주선 개발이 늦어지면서 계획 자체가 취소되었다. 이처럼 사람이 직접 가는 경우 극복해야 할 다양한 문제가 존재한다. 대표적으로 비용 문제가 있고, 우주선의 발사부터 운항, 달 착륙, 지구 궤도 재진입 및 지구 착륙 모든 과정에 위험 부담과 기술적 어려움이 존재한다. 또한 달 표면에서 활동하는 경우 방사선에 노출될 수도 있으며, 크고 작은 운석 등에 의해 우주선에 작은 구멍이 나는 것부터 큰 사고까지도 일어날 가능성이 존재한다.

아울러 달에서 인간이 활동하면서 달 환경을 훼손할 가능성을 미리 차단할 수 있는 장치가 필요하다. 예를 들어 아폴로 11호 착륙지 등 일부는 보존 구역으로 지정하려는 구체적인 움직임도 있다. 지구에서도 특별한 관리와 보존이 필요한 곳을 유네스코 세계유산UNESCO World Heritage Site으로 지정하는 것처럼, 미래에는 달 표면에도 우주 유산Space Heritage Site 등의 이름으로 보존 지역 지정을 확대하게 되지 않을까?

8장

다시 시작된 Moon Rush

과학의 발전은 여러 면에서 인류에게 혜택을 주었고, 지금의 인류 문명을 과학의 발전을 빼고 논하는 것은 의미가 없겠지만 과학적 진보가 반드시 눈앞의 이득을 가정해 이루어지는 것은 아니다. 과학자의 사회적 책무를 무시해도 된다는 것이 아니라 과학의 본질은 자연에 대한 인류의 본능적인 궁금증을 기반으로 한다는 것을 강조하려는 것이다. 더구나 때로 과학의 열매는 눈앞의 성과에서 자유로울 때 더 풍요로운 수확으로 이어지기도 한다.

과거 대표적인 달 탐사인 아폴로 프로그램은 달을 향한 소련과의 전쟁에서 미국이 승리하면서 막을 내렸다. 순수한 과학적인 동기의 달성 여부보다는 정치적인 또는 군사적인 목적이 달성되자 천문학적 비용이 들어가는 이 거대한 프로젝트는 동력을 상실했다고 볼 수도 있다. 다행히 인류는 다시 달에 가기 위한 경쟁을 시작했다. 이번엔 단순히 달에 가는 것만을 목표로 정해 둔 것이 아니라 분명한 과학 기술적 목표가 있고, 좀 더 현실적으로 다가온 막대한 미래의 이익 역시 보장되어 있으므로 지금부터의 경쟁은 무한히 계속될 것처럼 보인다. 더구나 단 두 국가의 경쟁에서 다국가의 경쟁으로 확대되었으며, 민간 기업까지 참여하여 미국식 표현으로 달을 향한 골드 러쉬gold rush, 이른바 문 러쉬Moon Rush가 시작되었다. 물론 부분적으로는 경쟁이 아닌 국가 간 협력 및 민관 협력 또는 역할 분담이라고 표현할 수도 있다. 우리나라도 참여한 이 경쟁이 무엇인지 그리고 무엇보다도 왜 우리가 달에 가는지에 대해 생각해 보자.

현재와 미래의 달 탐사

현재와 미래의 달 탐사는 20세기 달 탐사와 어떤 차이가 있을까? 앞서 서술한 것처럼 우선 미소 두 초강대국의 경쟁에서 다양한 국가가 참여하며, 국가 주도로만 진행되던 것이 민간 기업까지도 참여하는 탐사 주체의 다변화를 들 수 있다. 이로 인해 자연스럽게 역할 분담이 이루어지면서 탐사 대상과 활동이 매우 다양해질 수 있다. 둘째, 탐사의 목적 역시 매우 다양해졌다. 달 탐사에 대한 여러 과학 기술적 목표 외에도, 화성 등 더 먼 곳을 가기 위한 전초기지로도 활용할 것이며 관광과 자원탐사 등 가시적·상업적 목표까지 등장했다. 셋째, 과학과 기술이 비약적으로 발전해 좀 더 효율적인 탐사가 가능해졌으며, 예전에는 어려웠던 탐사도 가능해졌다. 달 뒷면에 착륙하는 것도 그런 예 중 하나이다. 넷째, 달의 지형, 지질과 성인에 대한 이해도가 크게 증가해 좀 더 체계적이고 구체적인 목표와 계획을 세울 수 있게 되었다. 다른 말로 달의 어디를, 왜 가는지가 좀 더 분명해졌다. 다섯째, 물의 존재 확인 등으로 인류의 달 표면 장기 체류를 고려하기 시작했다. 최근 달 탐사가 달의 극지방에 집중되는 것도 우주인 생존에 필수적인 물의 존재 가능성 때문이다. 하지만 마지막으로 여섯째, 지나친 경쟁과 그로 인한 무분별한 탐사 및 개발로 이어지는 경우 달 환경의 오염과 훼손이 우려되며, 국가 간 충돌의 가능성까지 제기된다.

현재와 미래의 달 탐사 프로그램을 하나하나 나열하는 것은 크게 의미가 없을지도 모른다. 사실 진행 중인 역사에서 과거, 현재, 미래의 탐사를 구분하기도 모호하다. 크고 작은 프로그램이 빽빽하게 줄을 서 있으므로 이 책을 쓰는 과정 중에도 처음에는 가까운 미래의 프로그램으로 소개하려 한 것이 현재 또는 과거가 되기도 한다. 상황이 빠르게 바뀌다 보니 새로운 계획이 수립되기도 하지만 기존 계획이 연기되거나 취소되는 일도 다반사이다. 아폴로 프로그램이 20세기 달 탐사를 대표하는 것처럼, 21세기 달 탐사는 한동안 아르테미스 프로그램으로 대표되지 않을까 한다. 이런 이유로 이 장에서는 아르테미스 프로그램과 그 이후를 현재와 미래의 달 탐사로 정의하고 간단히 소개한다. 이 중에서 2025년부터 2030년 사이에 계획되어 있는 대표적인 달 탐사 프로그램 목록은 표 8-1에 정리했다.

미국 NASA의 아르테미스 프로그램은 달에 영구 기지를 구축하는 것과 이를 기반으로 유인 화성 탐사선을 보내는 것을 장기 목

표 8-1. **2025년 이후로 예정된 주요 달 탐사 계획** (2024년 기준)

발사 년도	임무명 (mission)	유인 무인	착륙 궤도	국가(기관/기업)	주요 업무 및 특징
2025	IM-3	무인	착륙	미국(Intuitive Machines)	NASA 과학 탑재체 배송 일반인 의뢰 물품 배송
	PPE & HALO	무인	궤도	미국(NASA/Northrop Grumman)	달 우주 정거장(Lunar Gateway) 건설
2026	Lunar Polar Exploration Mission	무인	착륙	인도(ISRO) 일본(JAXA)	달 남극 음영지대 관찰
	Canadian Lunar Rover Mission	무인	착륙	캐나다(CSA)	캐나다의 첫 달 착륙 시도
	Artemis 2	유인	궤도	미국(NASA)	달 착륙 최종 리허설
2027	ZeusX	무인	착륙	싱가포르(Qosmosys)	싱가포르의 첫 달 착륙 시도 (Qosmosys는 민간 기업)
	Luna 26	무인	궤도	러시아(Roscosmos)	원격탐사 및 착륙선 통신 중계 역할
	Artemis 3	유인	착륙	미국(NASA)	유인 달 착륙 (달의 남극)
2028	Luna 27	무인	착륙	러시아(Roscosmos)	남극-에이트켄분지 착륙 휘발성 성분 분석
	Chang'e 8	무인	착륙	중국(CNSA)	달의 남극 착륙 3D 프린터 기법 활용
	Artemis 4	유인	착륙	미국(NASA)	아르테미스 두 번째 달 착륙
2030 ~ 2031	Artemis 5 & 6	유인	착륙	미국(NASA)	달 표면 이동 수단으로 LTV (Lunar terrain vehicle) 사용
	Lanyue	유인	착륙	중국(CNSA)	중국의 첫 유인 달 착륙 시도
	Argonaut M1	무인	착륙	유럽(ESA)	유럽 주도 첫 달 착륙선

표로 하고 있다. 따라서 달을 연구하려는 것보다는 이용하려는 의도가 강해 보인다. NASA의 아르테미스 1호는 발사체와 탑재체의 무인 테스트이며 2022년 11월에 달 궤도를 돌고 무사히 귀환했다. 2026년에 예정된 2호는 유인 테스트로 역시 달 궤도를 돌고 지구로

그림 8-1. **미래의 달 탐사**

NASA의 아르테미스 우주인이 달의 남극에서 활동하는 모습의 상상도(위)와 국제 달 우주 정거장이 될 루나 게이트웨이 상상도(아래). Image credit: NASA.

귀환할 예정이다. 3호부터 5호는 다시 인류를 달에 내려놓을 계획이다. 2027년으로 예정된 아르테미스 3호 일정이 계획대로 진행된다면 아폴로 17호 이후 55년 만에 인류가 다시 달을 방문하게 된다. 약 일주일간 달에 머물며 여러 과학적 탐사와 기지 건설에 필요한 기초 조사 등을 수행할 것으로 보인다. 이후 4호와 5호는 본격적인 달 기지 건설 임무를 시작할 예정이다(그림 8-1 위). 이를 위해 4호부터는 더 크고 강력한 로켓을 이용할 것으로 알려져 있다. 아르테미스 프로그램의 특징 중 하나는 달 궤도에 우주정거장인 루나 게이트웨이lunar gateway(그림 8-1 아래)를 건설하고 이를 중간 기착지로 활용한다는 것이다. 루나 게이트웨이는 미국의 NASA 외에도, 유럽의 ESA, 일본의 JAXA, 캐나다의 CSA, 아랍에미리트의 MBRSC 등이 참여하는 국제 프로젝트이다. 달 및 우주 탐사를 주도하는 NASA로 대표되는 각국의 우주 탐사 주관기관의 명칭과 약자 등은 읽어보기 8-1에 정리했다.

앞서 언급한 것처럼 아르테미스 프로그램에 중요한 역할을 한 탐사 중 하나가 우리나라의 다누리호이다. 다누리는 미국의 팰컨 9호 로켓에 실려 2022년 8월 발사되었으며, 12월에 달 궤도에 진입했다. 이미 3장에서 살펴본 것처럼 여러 관측장비 중 극소량의 빛도 감지할 수 있는 음영지역카메라로 달 남극의 어두운 충돌구 내부 사진을 촬영해 아르테미스가 기지를 건설할 곳에 대한 중요한 정보를 제공하고 있다. 아폴로 프로그램과는 달리 아르테미스 프로그램을 추진하면서 NASA는 다양한 국가뿐 아니라 민간 기업과도 협력 관계를 구축하고 있다. IMIntuitive Machines-1, -2, -3 등이 예로, NASA와 계약에 의해 소형 탑재체를 달에 배달하는 프로그램이다. 가장 먼저 오디세우스Odysseus로 명명된 달 착륙선 IM-1이 스페이스엑스의 팰컨 9호 로켓에 실려 2024년 2월 15일에 발사되어 2월 22일에 달 남극의 고지대에 착륙했다. 미국으로서는 아폴로 17호 이후 무

읽어보기 8-1.

각국의 우주 탐사 주관기관(설립 시기 순)

NASA: 미국항공우주국(National Aeronautics and Space Administration). 1958년 7월 29일 설립되었으며, 본부는 미국 워싱턴 D.C.에 위치한다. 홈페이지 주소는 'nasa.gov'이다.

ISRO: 인도 우주연구기구(Indian Space Research Organisation). 1969년 8월 15일에 설립되었으며, 본부는 인도 벵갈루루에 위치한다. 홈페이지 주소는 'www.isro.gov.in'이다.

ESA: 유럽 우주국(European Space Agency). 1975년 5월 30일 설립되었으며, 본부는 프랑스 파리에 있다. EU의 특성상 23개국의 공동 기관이다. 홈페이지 주소는 'www.esa.int'이다.

CSA: 캐나다 우주국(Canadian Space Agency). 프랑스어로는 ASC(Agence spatiale canadienne)이다. 1989년 3월 1일 설립되었으며, 본부는 캐나다 퀘벡주 세인트 허버트에 있다. 홈페이지 주소는 'www.asc-csa.gc.ca'이다.

Roscosmos: 러시아 연방우주국(Roscosmos State Corporation for Space Activities). 소련 붕괴 후 소련 우주 프로그램(1955년~1991년)을 계승한 기관으로, 1992년 2월 25일 설립되었다. 러시아 모스크바에 본부를 두고 있으며 홈페이지 주소는 'roscosmos.ru'이다.

CNSA: 중국 국가항천국(China National Space Administration). 1993년 4월 22일 설립되었으며, 본부는 중국 베이징에 있다. 홈페이지 주소는 'www.cnsa.gov.cn'이다.

JAXA: 일본 우주항공연구개발기구(Japan Aerospace Exploration Agency). 2003년 10월 1일 설립되었으며 본부는 일본 도쿄에 있다. 홈페이지 주소는 'www.jaxa.jp'이다.

MBRSC: 무함마드 빈 라시드 우주센터(Mohammed bin Rashid Space Centre). 2006년 2월 6일 설립되었으며, 본부는 아랍에미리트 두바이에 있다. 홈페이지 주소는 'www.mbrsc.ae'이다.

KASA: 대한민국 우주항공청(Korea AeroSpace Administration). 2024년 5월 27일 설립되었으며, 본부는 대한민국 경상남도 사천시에 위치한다. 홈페이지 주소는 'kasa.go.kr'이다.

려 52년 만에 다시 달에 착륙했다는 의미도 있지만, 민간 우주선을 이용한 첫 민간 제작 달 착륙선이라는 점에 더 큰 의미가 있을 것 같다. IM-2는 NASA가 요청한 탑재물 외에도 일반 고객이 의뢰한 물품을 달에 가져가는 사실상 달을 대상으로 한 첫 상업 활동을 시도한다. 달 관광 상품의 시작이라도 해도 될 것 같다.

20세기의 달 탐사가 미국과 소련의 경쟁이었다면, 21세기에는 여러 국가가 참여하긴 하지만 대표적으로 미국과 중국의 경쟁이라고 할 수 있다. 2024년 5월 3일에는 중국의 무인 달 착륙선 창어 6호가 달 뒷면에서 처음 시료를 채취해 오는 것을 목표로 발사되었으며, 한 달 뒤인 6월 2일 남극-에이트켄분지에 착륙, 약 2kg의 암석 및 토양 시료를 채취해 6월 25일 귀환했다. 중국은 계속해서 창어 7호와 8호를 계획하고 있으며, 2030년에는 두 명의 우주인을 달에 착륙시키는 란웨攬月, Lanyue 프로그램을 추진하는 등 달 기지 건설을 목표로 차곡차곡 계획을 진행 중이다. 이 외에도 우리나라와 캐나다, 싱가포르, 튀르키예 등도 가까운 미래를 목표로 각 국가의 첫 번째 달 착륙을 준비하고 있다.

우리는 왜 다시 달에 가는가?

1960년대 말부터 1970년대 초까지 이어진 아폴로 프로그램 이후 반세기 만에 인류는 다시 본격적으로 달에 가는 경쟁을 시작했다. 3장에서도 소개한 바 있는 "우리는 달에 가기로 했습니다We choose to go to the Moon."라는 유명한 연설에서 케네디 미국 대통령은 "달에 가는 것이 결코 쉬워서가 아니라 오히려 어려운 일이기 때문입니다Not because they are easy, but because they are hard."라고 말한다. 최근 진행 중인 달 탐사 임무도 종종 실패 소식을 전해 오는 것처럼 달에 가는 것은 예나 지금이나 결코 쉬운 일이 아니며, 오랜 준비 기간, 상당한 비용과 노력을 요구한다. 그런데도 왜 다시 달에 가려 하는지 단도직입적으로 물으면 뭐라고 답할까? 이제는 더 이상 도전 자체가 의미였던 아폴로 시대가 아니므로 "어렵기 때문입니다."라는 대답은 더는 사회적 동의를 구하지 못할 것이고 구체적인 목표와 목적을 밝혀야 할 것 같다. 하지만 구체적 대답으로 넘어가면 아마 어느 분야에서 일하고 있는지에 따라, 또는 달의 어디를 바라보고 있는가에 따라 천차만별로 다양한 답안지가 나올 것이다. 달은 하나지만 답은 하나가 아니다. 달을 바라보며 서로 다른 꿈을 꾸고 있을 것이다. 20세기의 달 탐사가 두 강대국의 경쟁 속에서 먼저 달에 가는 것 자체가 목적이었다면 21세기의 달 탐사는 달에서의 장기 체류는 물론, 달을 넘어 화성과 태양계 더 먼 곳으로 가는 전진기지로서 달을 활용하려는 목적이 더해졌다. 물론 예나 지금이나 로켓 등의 기술 개발 및 테스트 기회로 활용하려는 의도도 커다랗게 숨어 있겠지만, 굳이 달이어야 할 이유는 이제 없다. 누군가는 달을 관광 자원으로 개발하고 싶을 것이며, 누군가는 달에 생활할 수 있는 주거 공간을 만들어 입주민을 모집할 꿈을 꾸고 있을 것이다. 당장 달에 가서 미래의 자원을 확보해야 한다고 주장할 수도 있고, 이유는 중요하지 않고 가는 것 자체가 이득이라 생각하는 사람도 있을 것이다. 하지만 경제적 측면은 앞 장에서 설명했으므로 이 장에서는 과학적인 목적과 그에 관련된 내용에 집중하려 한다. 반세기 이상 이어진 달 탐사와 연구 결과 많은 것을 새롭게 알게 되었지만, 아직도 너무 많은 것을 모른다. 아폴로 프로그램에 관한 정책을 결정하는 위치에 있던 그룹이 당시 얼마나 달에 대해 과학적으로 무지했는지 또는 의도적으로 무시했는지는 당시 기록을 살펴보면 놀라울 정도이다. 여러 번 언급한 것처럼 달 자체 또는 달에서 가져올 암석이나 자료가 갖는 과학적 가치보다는 소련과의 경쟁 속에서 달에 먼저 다녀오는 것만이 주요 관심사이고, 나머지는 부수적이며 경우에 따라서는 귀찮은 일이었는지도 모른다. 이제 막 우주 탐사에 참여하기 시작한 우리나라에서 이러한 일이 반복될 수 있다는 우려도 떨칠 수 없다. 달에서 알아내야 할 것이 무엇이며, 현재 이루어지고 있는 또는 계획 중인 달 탐사 목적은 무엇인지 살펴보자. 편의상 21세기부터의 달 탐사 목적을 크게 달 자체를 이해하려는 것과 달이 가지고 있는 조건을 이용하려는 것으로 구분해 살펴보려 한다.

달의 과학적 가치

과학적 목적으로는 왜 다시 달에 가야 할까? 여기저기서 설명한 이유를 정리해 크게 두 가지로 구분한다면, 지금까지 알게 된 정보가 달을 온전히 이해하기에 충분하지 않고, 달은 지구보다 유리한 과학 실험실의 조건을 갖추고 있기 때문이다(그림 8-2).

앞서 살펴본 것처럼 궤도 탐사선을 이용한 원격탐사를 통해서는 달 전체에 대한 정보를 얻을 수 있지만 높은 정밀도의 분석 자료를 제공해 줄 시료 채취가 이루어진 장소는 매우 제한적이다(그림 3-6). 물론 2024년 6월 중국의 창어 6호가 시료를 가지고 귀환에 성공해 시료 채취 위치가 한 곳 늘어났고, 달 뒷면 시료가 처음으로 확보되었지만, 시료 채취 장소가 매우 제한적이라는 사실은 변하지 않는다. 시료에 못지않게 중요한 표면 지질구조 해석은 위에서 내려다 보는 것만으로는 충분하지 않다. 정밀한 관찰과 해석이 필요한 곳은 지질학자가 방문하거나 표면을 탐사할 수 있는 로봇을 보내 다양한 각도로 관찰해야 한다. 바로 앞에서 언급한 서로의 입장에 따라 달라질 수 있는 달에 가는 이유처럼 달 표면의 지질학적 연구를 위해 사람이 가는 것이 효율적일지 여러 화성 로봇 탐사처럼 로봇을 보내는 것이 좋을지도 논쟁거리가 될 수 있다. 예를 들어 NASA의 'Four Horsemen' 중 1명이었던 와서버그 교수(읽어보기 6-1)는 아폴로 프로그램에 대해서도 사람이 가는 것에 부정적이었으며, 로봇을 이용한 시료회수임무robotic sample return mission를 선호했다. 좀 더 저렴한 비용으로 더 많은 곳에서 시료를 가져올 수 있기 때문이겠지만, 와서버그 교수가 실험실에서 시료를 분석하는 지구화학자geochemist이기 때문이기도 하다. 만약 지질 답사를 중요시하는 야외 지질학자field geologist라면 사람이 직접 가야 하는 이유만으로도 아마 논문 1편은 쓸 수 있을 것이다. 미래에 달 표면 지질 연구가 활성화된다면, 가능한 넓은 지역에 로봇을 보내고 꼭 필요한 지역을 선정해 직접 지질학자를 보내 연구하지 않을까 생각한다. 꿈같은 일이긴 하지만.

달의 화성활동이 언제까지 이어졌는지 등 달의 지질학적 진화 과정을 밝히려면 더 젊은 시기의 암석도 찾아 분석해 봐야 한다. 특히 뒷면에 위치한 거대한 충돌구 남극-에이트켄분지에서는 달의 맨틀 시료를 획득할 가능성도 있다. 달의 지각과 함께 맨틀 시료를 분석한다면 마그마 바다 생성과 진화 과정을 이해할 중요한 정보를 얻을 것이다. 달뿐 아니라 지구를 포함한 태양계 모든 분화된 고체 천체가 마그마 바다 단계를 거쳤을 것이다. 하지만 지구에서는 초기 진화 기록을 복원하는 것이 매우 어렵다. 달의 마그마 바다 연구 결과를 지구 초기 진화 모델에도 적용할 수 있을 것이다. 그뿐만 아니라 달의 맨틀 암석에는 지구와 충돌해 달을 만들었을 것으로 추정되는 사라진 행성 테이아의 지구화학적 흔적이 남아 있을 가능성도 있다.

달의 구조를 정밀하게 밝히려면 달 표면에 폭넓게 분산해 지진계를 설치해야 한다. 아폴로 탐사 임무가 설치한 지진계는 상대적으로 좁은 지역에 집중되어 전체를 보는 데 한계가 있다. 5장에서 살펴본 것처럼 달의 지진이 주로 앞면에서만 일어나는지, 아니면 뒷면에서도 일어나지만 검출되지 않았던 것인지 등을 포함해 좀 더 체계적인 달의 지진파 검출 및 이를 통한 내부구조 해석에 대한 검증이 필요하다. 달의 맨틀이 마그마의 바다가 결정화되는 과정에서 층상 구조를 하고 있는지와, 하부에 존재하는 것으로 보이는 부분용융 지대 등도 검증이 필요하다. 달이 앞면과 뒷면의 표면 모습과 내부구조가 다른 비대칭성을 어떤 과정을 통해 가지게 되었는지도 뒷면에 대한 지질학적 정보와 뒷면에 설치할 지진계 등을 통해 연구해야 할 내용이다. 분지를 만들 정도의 충돌이 주로 지구를 향한 면에서만 일어난 것일까? 그랬다면 지구에는 어떤 영향이 있었을까? 아니면 지구의 조석력이 달 비대칭성 형성에 영향을 준 것일까? 달의 구조, 특히 달의 비대칭성 등은 지구-달 시스템의 관점에서 바라볼 필요가 있다.

여러 번 강조한 것처럼 달의 충돌구 생성률을 포함한 충돌구 연구는 지구에서 일어났던 충돌의 역사를 재현할 모델이 될 수 있으며, 이는 생명체의 탄생, 멸종, 진화 연구에 매우 중요한 단서가 될 것이다. 달은 초기 행성 진화의 기록실인 동시에 충돌을 통한 지구형 행성의 진화 및 성장을 연구할 수 있는 실험실이다. 달에서 지구로 운석이 날아오는 것처럼 지구에서도 과거 큰 규모의 충돌이 일어났을 때 암석이 떨어져 달로 가지는 않았을까? 만약 그랬다면 달에서 지구 운석을 발견할 수도 있을 것이다. 매우 흥미로운 발견이 될 것이며, 지구의 과거를 연구하는 새로운 단서가 될 가능성도 있다. 달의 기원은 초창기 지구를 설명하는 데 필수적이며, 달이 거대충돌에 의해 생성되었다면 이는 초기 지구에 대한 모든 설명이

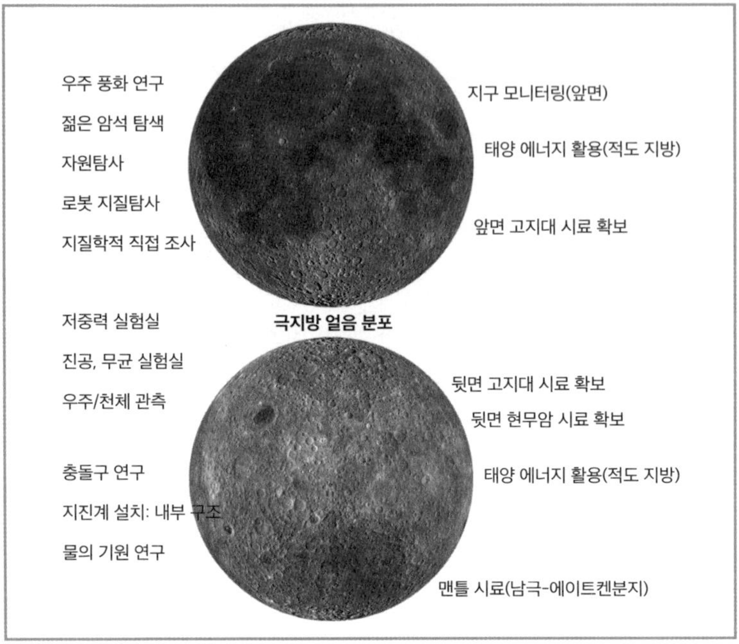

그림 8-2. **달에서 이루어져야 할 과학 연구 및 탐사**
왼쪽에는 주로 달 전체에 걸쳐 또는 위치에 크게 상관이 없는 과학 임무, 오른쪽에는 주로 앞면과 뒷면에서 이루어져야 할 과학 임무를 나열했다.

사실상 여기서부터 출발해야 함을 의미한다.

대기가 (거의) 없는 달 표면은 우주 풍화를 연구하기에 적합한 장소 중 하나이다. 우주 풍화를 이해하는 것은 과학적 목적뿐 아니라 앞으로 우주로 활동 영역을 넓히기 위한 장비 개발을 위해서도 필요한 일이다. 대기가 없고 매우 건조한 달에 포함된 물은 역설적으로 지구에 풍부한 물의 기원을 설명해 줄 수 있다. 지구의 물은 순환을 거듭하면서 섞여 기원을 설명해 줄 단서를 찾기가 쉽지 않다. 지금 지구의 물은 녹아 있는 성분의 함량, 동위원소비 등에서 매우 다양하지만, 이는 지구에서 일어난 지구과학적 과정, 생명체와의 상호작용, 특히 요즘에는 인류의 활동에 의한 오염 등을 포함한 결과지, 기원을 설명해 줄 단서는 아니다. 하지만 달 표면에 소량 고립되어 있는 물은 기원의 특징을 고스란히 가지고 있을 가능성이 크다. ① 지구와 달이 처음 생성될 때부터 포함되어 광물 내에 유체포획물liquid inclusion 또는 수산기로 보관되어 있는 물, ② 소행성이나 혜성 등이 나중에 가져와 달의 극지방에 얼음으로 보관되어 있는 물, ③ 고속의 태양풍이 주입implantation되면서 태양풍의 수소와 암석 내 산소가 결합한 수산기로 바뀐 물 등을 구분할 수 있을 것이고, 이로부터 바로 인접한 지구 물의 기원 역시 설명할 수 있을 것이다. 달의 물(얼음)은 가까운 미래에 달 우주인이 활용 가능한 중요한 자원이다. 이 외에도 달의 용암 동굴 같이 거주 공간으로 활용하기 적합한 장소, 미래에 활용 가능할 자원탐사 역시 달에서 이루어져야 할 주요 과학적 탐사에 포함된다.

달 자체가 연구와 탐사 대상이기도 하지만 달에 가면 더 잘할 수 있는 것도 있다. 대표적인 것이 천체를 포함해 우주를 관측하는 일이다. 허블이나 제임스웹 우주 망원경의 놀라운 성과는 대중적으로도 잘 알려져 있다. 지구의 대기는 우리의 생존에는 필수적이지만, 우주의 천체 관측에는 방해물이다. 도시의 불빛은 광학 망원경의 시야를 방해하며, 우리가 사용하는 수많은 종류의 전파는 전파 망원경에 방해가 된다. 망원경을 우주로 내보내는 이유이다. 달에 우주 망원경을 설치하면 당연히 우주 공간에 있는 것보다 관리가 훨씬 용이할 것이다. 뒷면에 설치한다면 밝은 보름달이 방해하는 방향도 마음껏 관찰할 수 있을 것이며, 앞면에는 24시간 지구를 향한 망원경이나 검출기를 설치해 지구를 모니터링할 수도 있을 것이다. 태양을 관측하는 관측소를 설치해 과학적 목적의 태양 연구는 물론 통신 등에 영향을 주는 태양풍 변화를 추적·관찰할 수도 있다. 대부분 인공위성이 할 수 있는 일이지만, 달에 설치하는 경우 수명이 정해진 인공위성과는 달리 반영구적인 관측소가 될 수 있다.

달의 조건을 이용한 실험이나 제조 등도 있을 것이다. 낮은 중력이 필요한 실험이나 공정은 지구의 1/6의 중력을 가진 달에서 당연히 유리하다. 물론 우주선에서 경험하는 무중력 상태는 제한된 공간만 사용 가능한 데 비해 달에서는 대규모 시설도 구축할 수 있을 것이다. 건조한 환경, 진공 상태, 무균 환경 등이 필요한 실험이나 공정도 물론 마찬가지이다.

여기서 언급한 것을 넘어 당연히 필자가 생각할 수 있는 것 이상의 다양한 과학적 가치가 달에 숨겨져 있다. 달의 가치와 의미를 찾아 탐사하고 연구하는 것은 단순히 달에 가는 것만으로는 해결할 수 없는 거대한 작업으로, 특히 우리나라와 같은 후발 주자는 당장은 눈에 띄지 않아도 관련 연구 역량을 키우는 일을 선행 또는 병행할 필요가 있다.

우주 전초기지로서의 달

NASA가 이미 공언한 것처럼 달은 화성 등 태양계 더 먼 곳으로 가기 위한 전초기지로 활용될 것이다. 두 가지 측면에서 전초 기지로서의 가치를 생각해 볼 수 있다. 첫째, 달의 낮은 중력이다. 우주발사체는 천체의 중력을 이기고 탈출하는 데 가장 많은 연료를 소모하므로 낮은 중력은 적은 양의 연료로도 우주선 발사가 가능함을 뜻한다. 둘째, 자체 조달 가능한 자원이 있어야 한다. 지구에서 모든 자원을 가져가야 한다면 낮은 중력으로 얻는 이득이 거의 없거나 오히려 더 많은 자원을 낭비하는 결과가 될 수도 있을 것이다. 7장에서 이미 살펴본 것처럼 달에는 현지 기지에서 사용할 수 있는 자원이 일부 존재하는 것으로 알려져 있다. 달의 희박한 대기는 전초기지로서 단점이면서 동시에 장점이 되기도 한다. 희박한 대기와 낮은 중력이 전초기지로서의 가치에 어떤 영향을 주는지 살펴보자.

물리학 기초가 약한 필자는 달이 가진 1/6의 중력이 우주선 발사에 얼마나 유리한지 직관적으로는 이해하지 못한다. 그러므로 필자 기준으로 좀 풀어서 설명하려고 한다. 물리법칙을 설명하려는 것이 아니라 단순히 달이 전초기지로서 가치를 갖는다는 것만 이해해 보려고 한다. 답하고자 하는 질문은, 그냥 지구에서 바로 화성을 향해 우주선을 발사하는 것이 달을 한 번 거쳤다가 가는 것보다 더 경제적이지 않을까 하는 것이다.

제트엔진을 사용하는 국내 또는 국제 항공기의 속도는 대략 1,000km/s(약 0.28km/s, 음속의 약 0.8배)이고, 초음속 전투기는 이보

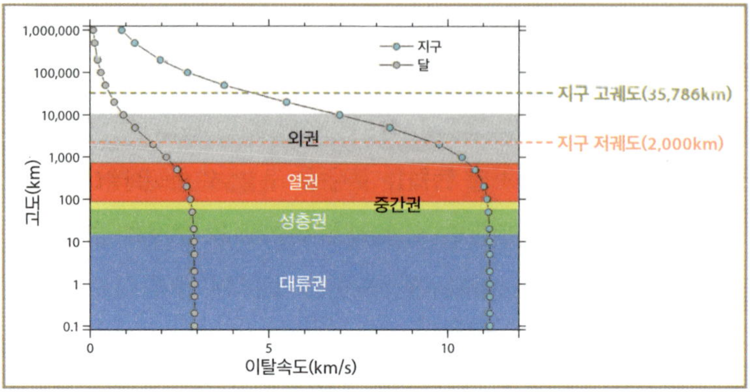

그림 8-3. **지구와 달에서 고도에 따른 이탈속도**

고도에 따른 대기권은 지구의 경우이다. 지구와 달의 이탈속도는 표면에서 각각 11.2km/s와 2.94km/s이다. 달 표면의 이탈속도는 지구 대기권 밖인 상공 8만 6천 km에서의 값과 같다.

다 2~3배 빠르다. 하지만 비행기는 지구의 중력을 벗어나지 못한다. 무엇보다 비행기는 공기가 있어야 날 수 있는 구조와 엔진을 가졌기 때문이지만, 비행기 정도의 속도로는 지구의 중력을 이기지 못한다. 천체의 중력을 이기고 벗어날 수 있는 속도를 이탈속도 escape velocity 혹은 escape speed라고 한다. 속력velocity은 속도speed에 방향이 포함된 개념이므로 이탈속도escape speed가 옳은 표현이지만, 영어로는 관습적으로 둘 다 사용된다. 이탈속도는 천체의 질량 중심으로부터 거리에 따라 달라지며, 지구 표면에서 이탈속도는 11.2km/s이고, 달의 경우 2.94km/s이다. 그림 8-3은 지구와 달에서 고도에 따른 이탈속도를 보여 준다.

이탈속도를 수식으로 쓰면 $V_{escape} = \sqrt{\frac{2GM}{R}}$ 이다. 여기서 G는 만유인력상수($6.671 \times 10^{-11} m^3 \cdot kg^{-1} \cdot s^{-2}$), M은 천체의 질량이며, R

은 중심으로부터의 거리(표면이라면 천체의 반지름)이다. 지구의 경우 중심에서 Rkm만큼 떨어진 곳에서의 이탈속도(km/s)는 $V_{escape,\,earth} = \frac{893}{\sqrt{R}} = \frac{893}{\sqrt{6371+H}}$로 간단히 쓸 수 있다. H는 표면으로부터의 거리, 즉 고도(km)이다. 달의 경우엔 $V_{escape,\,moon} = \frac{99}{\sqrt{R}} = \frac{99}{\sqrt{1138+H}}$가 된다. 이로부터 지구 표면($H$=0)에서의 이탈속도 약 11.2km/s를 계산할 수 있다. 시속을 환산하면 4만 km가 넘는 속도이며, 음속의 33배에 가깝다. 우주로 발사되는 로켓이 이렇게까지는 빠르지 않은 것 같다는 점은 발사 장면을 본 경험으로 다들 알 것 같다. 그 이유는 첫째, 로켓은 속도 0에서 점차 상승하면서 가속하기 때문이며, 둘째, 위 식으로 구해지는 이탈속도란 더 이상 추력이 없는 경우의 계산값이기 때문이다. 예를 들어 지표면에서 총이나 포를 쏜다면 (공기 저항은 무시하고) 11.2km/s 이상의 속도로 쏘아야 지구를 벗어날 수 있다. 그렇지 않으면 다시 땅으로 떨어진다. 하지만 로켓은 계속 추진력을 유지하므로 더 낮은 속도로도 지구를 벗어날 수 있다. 위 식에 의하면 지구 고궤도high earth orbit라 부르는 약 35,786km 상공에서의 이탈속도는 4.4km/s(음속의 약 13배)가 된다. 이 속도 이상을 유지한 채 지구 고궤도에 도달했다면, 엔진을 꺼도 지구를 벗어날 수 있다는 의미이다. 이 궤도를 정지 궤도geostationary orbit라고도 부른다. 이 고도에서 인공위성의 공전 속도orbital speed는 각속도가 지구의 자전과 같아서 적도에 위치하는 경우 지구에서 바라볼 때 인공위성이 정지된 것처럼 보이기 때문이다(읽어보기 8-2).

더구나 지구는 대기로 둘러싸여 있다(그림 8-3). 대기는 우리가 살아가는 데 필수적인 산소 등을 포함하지만, 고속으로 움직이려는

읽어보기 8-2.

공전 속도와 정지 궤도

질량을 가진 두 천체가 평균 거리의 변화 없이 계속 원 또는 타원 궤도를 도는 속도를 공전 속도라고 한다. 예를 들어 고도가 떨어지지 않고 인공위성이 지구를 돌 수 있는 속도와 같다. 두 천체의 질량을 모두 고려해야 하는 경우엔 수식이 복잡해지지만, 인공위성과 같이 천체 질량에 비해 상대적으로 무시할 수 있으면, 공전 속도의 근사식은 $V_{orbital} \approx \sqrt{\frac{GM}{R}}$ 이므로, 이탈 속도를 $\sqrt{2}$(≅1.4142)로 나눈 것과 같다. 따라서 지구 표면에서의 공전 속도는 7.9km/s가 된다. 물론 울퉁불퉁한 지구 표면을 따라 공전하는 것은 불가능하겠지만. 지구 저궤도(2,000km 상공)에서의 이탈속도와 공전 속도는 각각 9.8km/s와 6.9km/s이고 정지 궤도에서는 4.4km/s와 3.1km/s이다. 정지 궤도를 초속 3.1km로 한 바퀴 도는 데 약 24시간이 걸린다. 따라서 이 위치에 인공위성을 올려놓으면 계속 같은 위치 상공에 위치하게 된다. 통신 위성(communication satellites, COMSAT) 등에 유용하다.

지구가 태양 주위를 도는 속도도 공전 속도이다. 위 식으로 이를 계산하기 위해 *M*에는 태양 질량(1.9989×10^{30}kg), *R*에는 지구-태양 거리(1.5184×10^{8}km)를 넣으면 약 29.6km/s가 구해진다. 간단히 계산한 것이지만 실제 지구의 평균 공전 속도인 29.76km/s에 근사한다. 물론 지구는 타원 궤도를 그리기 때문에 공전 속도가 달라져 최대 30.3km/s에서 최소 29.3km/s까지 변한다. 지구 궤도에서 이탈속도는 여기에 $\sqrt{2}$를 곱하면 되므로 약 42km/s이다.

발사체엔 방해물이다. 빠르게 움직일수록 공기에 의한 저항이 커지며 심한 와류가 발생해 발사체의 안정도에도 문제가 된다. 특히 초고속hypervelocity에서는 공기 저항으로 고열이 발생하여 웬만한 물질은 표면이 녹거나 증발해 버린다. 거꾸로 지구에 진입하는 물체, 예를 들어 수명이 다한 인공위성이나 운석의 낙하, 별똥별 등을 생각해 보면 된다.

높은 속도를 내고 유지하기 위해서는 당연히 많은 연료가 필요하며, 산소가 희박한 높은 고도로 올라가므로 산화제를 연료와 함께 싣는다. 이는 발사체의 무게를 크게 증가시킨다. 이로 인해 더 많은 추력을, 따라서 연료와 산화제를 더 요구하는 악순환이 반복된다. 이런 이유로 지구에서 발사하는 우주발사체는 다단계 로켓 시스템을 사용한다. 누리호나 나라호의 설명에서도 들을 수 있는 1단 추진체, 2단 추진체 등에 다들 익숙할 것 같다. 1단 추진체는 우주발사체를 일정 궤도에 공전 속도 이상의 속도로 올려놓고 사명을 다한 후 버려진다. 가벼워진 우주발사체는 2단 추진체를 이용해 다음 단계로 올라간다. 우주발사체 발사가 빈번해지면서 1단 추진체를 재활용하는 경우도 점차 늘어나고 있다.

위 계산식과 그림 8-3을 보면 달 표면에서의 이탈속도 2.94km/s는 지구 8만 6천 km 상공에서의 값과 같다는 것을 알 수 있다. 달에서는 중력이 낮을 뿐 아니라 공기의 저항도 없으므로 앞서 설명한 모든 복잡함이 다 사라진다. 훨씬 약한 추력의 1단 로켓만으로 충분히 달의 중력을 이기고 올라갈 수 있다. 좋은 예가 아폴로 17호의 달 착륙선이 임무를 마치고 달 표면을 떠나는 장면이다. 요란하게 지구를 떠나는 커다란 로켓과는 달리, 물론 발사체의 질량이 크게 줄어들기도 했지만 좀 과장해서 마치 작은 드론 하나를 띄우는 것 같이 소소하다(그림 8-4). 이 장면 역시 'Apollo 17 Liftoff from the Moon'이란 키워드로 동영상을 찾아보길 추천한다. 지구를 떠날 때

그림 8-4. **아폴로 17호 달 착륙선이 달을 떠나는 장면**
아폴로 11호가 지구를 떠나는 그림 3-1과는 비교할 수 없을 정도로 매우 가벼운 모습이다. 그림 왼쪽 위부터 시계 방향이 시간 순이며, NASA 동영상에서 추출했다.

의 무게는 거의 3천 톤이며 이 중 탑재체는 53톤 정도이고 나머지는 연료와 산화제를 포함한 추진체이다. 반면, 달을 떠날 때의 중량은 15~16톤이며, 이 중 추진체의 질량은 엔진이 약 100kg, 연료와 산화제가 2.6톤 정도로 알려져 있다. 아폴로 우주선의 경우 달 착륙선이 달 표면에 착륙하여 우주인이 활동을 마치고 다시 떠날 때까지 사령-기계선command & service module은 달 궤도를 대략 100km 높이에서 궤도 속도(약 2km/s)로 돌고 있었다. 따라서 달 착륙선은 이 높이까지만 궤도 속도를 유지해 도달하면 되는 것이며, 도킹 후 사령선으로 모든 것을 옮긴 후 착륙선은 버리고 지구로 귀환했다.

화성과 같이 먼 곳으로 사람을 보내려면 생존을 위한 다양한 장비와 재료가 필요하다. 이로 인해 궤도 탐사선을 보내거나 로봇을 보내는 것에 비교하면 우주선의 무게가 증가한다. 이런 탑재체를 지구에서 한꺼번에 내보내려면 연료(+산화제)의 양이 늘어나는 앞에서 설명한 악순환이 반복된다. 따라서 이를 적은 양으로 나눠서 달로 보낸 후 달에서 조립해 화성으로 가는 것이 더 유리하다. 또한 필요한 자원 일부를 달에서 조달할 수 있다면 더욱 경제적이다. 달 주위를 도는 루나 게이트와 달 표면 기지에서(그림 8-1) 화성 등 다른 천체에서 수행할 다양한 탐사에 대한 예행연습 또한 효과적으로 수행할 수 있다. 달이 전초기지로 가치를 갖는 이유이다. 물론 지구와 비교하면 여러 열악한 환경은 앞으로 연구 개발을 통해 극복해야 할 문제이다.

달은 누구의 소유인가?

달 탐사와 개발에 대한 논의가 진행되면 '달은 과연 누구의 것인가?'라는 질문이 자연스럽게 따라온다. 이 책에서 강조하다시피 과학적으로도 가치가 있고, 아직 어느 정도인지는 몰라도 경제적 가치도 있는, 또 우주로 나가는 전초기지로서도 훌륭한 면모를 갖추고 있는 달의 소유권은 어떻게 되는 것일까? 먼저 가서 깃발을 꽂는 국가 또는 기업이 소유할 수 있는 것일까? 달의 탐사와 개발에는 아무런 제약이나 통제 장치가 없는 것일까? 달과 우주에 관련된 국제 조약에는 어떤 것이 있는지 살펴보자.

대표적인 것으로는 우주 조약Outer Space Treaty으로, 공식 명칭은 '달 및 기타 천체를 포함한 우주 공간의 탐사 및 이용에 관한 국가의 활동을 규율하는 원칙에 관한 조약Treaty on Principles Governing the Activities of States in the Exploration and Use of Outer Space, including the Moon and Other Celestial Bodies'이다. 1967년 10월 발효되었고, 2024년 현재 우리나라를 포함하여 115개국이 조약 당사국이며, 추가로 22개국이 (비준은 하지 않은) 서명국이다. 우주 조약은 크게 세 가지 내용으로 요약할 수 있다. 첫 번째는 소유에 관한 내용으로 우주 공간은 인류 공통의 영역이며, 모든 국가가 자유롭게 탐사하고 이용할 수 있다. 특정 국가의 점유 또는 전유의 대상이 되지 않는다. 둘째, 주로 군사적 사용을 견제하려는 사용 목적에 관한 것으로 우주 공간에는 핵무기 등 대량살상무기를 배치하지 않으며, 달과 기타 천체는 평화적 목적으로만 사용한다. 마지막 셋째는 책임과 의무에 관한 조항으로, 우주 비행사는 인류의 사절로 간주한다. 국가는 정부 또는 비정부 기관이 수행하는 우주 활동에 책임을 져야 하고, 이로 인한 피해에 대해서도 책임을 져야 하며, 우주에 대한 유해한 오염을 피해야 한다.

우주 조약이 만들어진 계기는 달을 포함한 우주 탐사보다는 대륙 간 탄도미사일 개발 등 군사적 환경 변화에 대응하기 위한 것이므로, 평화적 목적의 우주 사용 등은 규정하고 있지만 상업적 목적에 대해서는 명확한 규정이 없다. 당연히 달과 우주의 상업적 활용이 가시권에 들어오면서 논란이 생길 수밖에 없고, 우주 개발에 관심이 많은 미국 상업 회사의 요구에 따라 미국 의회는 2015년 〈미국 상업용 우주 발사 경쟁력법U.S. Commercial Space Launch Competitiveness Act〉을 제정하여 우주 채굴space mining을 합법화한다. 일본, 중국, 인도, 러시아 등 다른 국가에서도 유사한 법을 제정하여, 자국의 우주 채굴을 보장하려 하고 있다.

우주 조약 외에 달과 관련된 국제 협약으로는 달 협정Moon agreement 또는 달 조약Moon treaty으로 흔히 알려진 '달 및 기타 천체에서의 국가의 활동에 관한 협정Agreement Governing the Activities of States on the Moon and Other Celestial Bodies'과 아르테미스 협정Artemis Accords이 있다. 달 협정은 다자간 협정이며, 아르테미스 협정은 미국과 상대국과의 양자 협정이다.

달 협정은 1979년 제정되어 2024년 기준 17개국이 참여 당사국이지만, 미국, 러시아, 일본, 중국을 포함하여 과거부터 현재까지 실질적으로 우주 및 달 탐사를 수행하고 있는 국가는 여기에 참여하고 있지 않아 사실상 유명무실한 조약이라고도 할 수 있다. 우리나라도 달 협정에는 참여하고 있지 않다. 달 협정은 우주 조약 체결 이후 변화하는 환경에서 우주 공간의 이용과 개발에 있어 '권리와 책임'을 재정의할 필요가 있어, 특히 '탐사를 통해 얻어지는 자원의 관리에 필요한 법적 원칙을 제공하는 것'을 목표로 한다고 명시하고 있다. 특히 협정의 제11항article 11은 달뿐 아니라 달의 자원에 대한 이용 및 소유권에 관한 것으로 '달과 달의 천연자원은 인류의 공동 유산'이며 '달의 표면이나 지하 또는 천연자원이 특정 국가, 단체 또는 자연인의 재산이 될 수 없다'고 규정하고 있다. 실질적인 달 탐사를 수행 중이거나 수행하려는 국가가 참여하지 않는 이유를 볼 수 있을 것 같다.

아르테미스 협정은 '달, 화성, 혜성 및 소행성에 대한 평화적 목적의 민간 탐사 및 이용에 대한 협력 원칙Principles for cooperation in the civil exploration and use of the moon, mars, comets, and asteroids for peaceful purposes'이란 부제를 갖고 있다. '민간 탐사'에서 볼 수 있는 것처럼 상업적 활동을 가능하게 하는 법적 근거를 만드는 것이 협정을 만든 주요 의도 중 하나로 보인다. 아르테미스 협정은 2020년 10월에 미국이 오스트레일리아, 캐나다, 이탈리아, 일본, 룩셈부르크, 아랍에미리트, 영국 등 7개국과 처음 체결했으며, 이후 우크라이나가 2020년 11월에, 우리나라가 2021년 5월에 서명했다. 이후 2024년 6월 현재 42개국으로 참여국이 늘어났다. 미국 주도의 협정이며, 실질적인 우주 및 달 탐사를 수행하고 있는 국가 중에서 러시아와 중국은 참여하고 있지 않다. 아르테미스 협정을 포함하여 우주 조약, 달 협정의 전문은 책 뒤 '참고/인용 문헌 및 자료'에서 제공하는 관련 파일의 인터넷 주소에서 받아볼 수 있다.

결국 위 세 조약 또는 협정 중에서 실질적인 우주 및 달 탐사를 수행하고 있는 모든 국가에 영향을 미칠 수 있는 것은 우주 조약 하나뿐이다. 1960년대 미소 양국 주도로, 특히 우주에서의 군사적 경쟁을 기준으로 만들어진 우주 조약만으로는 여러 국가와 민간 기업까지 참여하는 경쟁 및 다양한 목적을 가진 탐사로 복잡해진 21세기의 달 및 우주 탐사를 효율적으로 견제하고 조율하기는 어려울 것 같다. 합의가 쉽지 않겠지만 더 늦기 전에 새로운 기준을 만들 필요가 있다.

달 인류세의 시작?

필자가 이 글을 쓰는 순간에도, 독자 여러분이 이 글을 읽고 있을 순간에도 새롭고 다양한 달 탐사가 진행 중이거나 계획되고 있다. 지금껏 인류의 활동이 지구 환경을 오염시켜 온 것은 부정할 수 없는 사실이고, 달 탐사에 이어 달 개발이 진행된다면 환경오염이 달로 확장됨을 의미한다. 지구에서의 경험을 바탕으로 달 환경 보호를 위한 신중한 미래지향적 접근이 필요함은 아무리 강조해도 지나치지 않을 것이다. 물론 달 환경 보호를 내세워 무조건 달 탐사와 개발을 막는 것도 절대 바람직하지 않다.

앞서 4장에서 살펴본 것처럼 지질학에서는 지구의 역사를 누대eon-대era-기period-세epoch-절age 등의 단위를 사용해 점차 세분화해 구분한다. 현재는 '현생누대-신생대-제4기-홀로세'에 속한다. 화석으로 나타나는 지구 생명체의 변화를 포함한 암석층에 기록된 다양한 지질학적 사건이 구분하는 기준이다. 인류는 현재 어떤 지질시대보다 빠르게 지표면을 변화시키고 있고, 수많은 생명체에 직간접적 영향을 미치고 있다. 따라서 현재를 홀로세 다음 '인류세Anthropocene'라는 새로운 지질시대로 구분해야 한다는 주장까지 등장했다. 이러한 주장을 받아들인다면 무려 45억 년 이상 생명체의 접근을 허락하지 않았던 달에도 새로운 시대, '달 인류세lunar Anthropocene'가 열릴 것이다. 우리가 달을 어떻게 변화시킬지 짐작하기도 쉽지 않지만 돌이킬 수 없는 후회스러운 상황을 만들지 않도록 모두가 함께 고민해야 할 것이다. 달은 앞으로 지금과는 매우 다른 모습으로 우리에게 다가올 것이다. 지구에서 바라볼 달은 그 모습 그대로 달이겠지만, 우리가 달을 이해할수록 지구와 태양계에 대한 이해가 하루가 다르게 변해갈 것이고, 달 표면 또한 인류에 의해 지금까지와는 다른 변화를 겪게 될 것이다. 우린 그 시대를 맞이할 준비가 되어 있을까?

마치면서

달은 그 자체로도 충분히 과학적인 가치를 지닌 곳이며, 지구의 기원과 진화 과정은 결코 달과 독립적으로 설명할 수 없다. 더구나 현재 경쟁적으로 이루어지고 있는 달 탐사의 또 하나의 거대한 의미는 인류가 지구를 벗어나 태양계 전체로 활동 영역을 확대한다는 것이다. 달은 그 첫 목적지이면서 동시에 출발점이다. 따라서 우리가 달 탐사와 연구에 뒤처지거나 포기한다면 태양계 전체를 포기하고 지구에 안주하겠다는 것과 같은 의미이다. 이 책이 엄청난 경비, 노력, 희생이 필요한 달 탐사와 연구에 우리가 왜 적극적으로 참여해야 하는지, 그리고 무엇보다 달이 가진 과학적 가치를 이해하는 데 조금이나마 도움이 되었으면 한다. 아울러 과장된 목표나 허황한 꿈이 아닌 현실적인 단계를 밟아 달 탐사와 연구가 이루어져야 한다는 측면도 설득이 되었으면 하는 바람이다.

필자가 태양계의 탄생과 진화를 연구하는 운석학자이다 보니 태양계 전반에 관심이 많을 수밖에 없고, 그 넓고 깊은 태양계 공부 중 어떤 부분은 가볍게, 어떤 부분은 깊게 공부해 왔다. 이 글은 그런 공부 일부를 엮은 것이지만 글을 쓰기 시작한 2022년부터

2024년에 걸쳐 일어난 여러 사건은 글을 쓸 수 있는 지속적인 자극이 되었다.

현재 미국, 일본, 유럽 등이 주도하는 태양계 연구에서 지질학과 운석학 기반의 행성과학은 핵심적인 역할을 하고 있다. 주요 탐사 및 연구 대상이 암석질 천체인 달과 화성, 소행성 등이므로 당연한 일이다. 아쉽게도 우리나라에서 그리는 우주 탐사의 그림에 현재까지는 지질학자들이 다소 소외된 것처럼 또는 지질학자들의 참여가 소극적인 것처럼 보인다. 다행히 글을 한창 구상 중이던 즈음 대한지질학회 행성과학 분과위원회 준비모임이 시작되고 2023년 2월에는 분과가 구성되었다. 구체적 활동 중 하나로 후학들을 위한 행성과학 단기강좌를 시작했다. 필자는 단기강좌 시즌 1에서 행성과학을 소개하는 강연을, 시즌 2에서 달을 소개하는 강연을 하게 되었는데 그때 준비한 자료가 이 책을 쓰는 기초가 되었다. 더구나 원격탐사를 주제로 한 시즌 3까지 포함하여 여러 강연자의 발표는 필자가 미처 알지 못했던 부분을 채워 주는 훌륭한 참고자료가 되었다. 일일이 나열하지 않지만, 도움을 주신 강사분들께 감사 인사를 드린다.

각 장의 제목과 소제목을 확정하던 즈음 미국의 아르테미스 달 탐사 프로그램이 시작되었고, 글의 틀이 대략 완성되어 가던 즈음인 2022년 12월 28일에는 우리나라 다누리호가 달 궤도에 진입해 활동을 시작했다. 이후 더디게 살을 붙여 가는 동안 미국은 물론이고 일본, 인도, 중국 등을 포함하여 여러 나라의 달 탐사 계획과 시도가 숨돌릴 틈 없이 이어져 바짝 탈고의 조바심을 느끼게 했다. 글을 쓰는 내내 좀 더 잘 쓰고 싶은 욕심과 빨리 마치고 싶은 마음이, 좀 더 구체적이고 자세한 내용을 담고 싶은 욕심과 부담 없이 읽기 쉽게 쓰고 싶은 마음이 팽팽하게 대립한다. 이 둘이 나름 평형상태에 이르렀다고 생각해 부족한 글에 마침표를 찍으려 한다.

2006년 겨울, 극지연구소는 대한민국 첫 남극운석탐사를 시작했다. 기획단계부터 참여한 필자는 1차 및 2차 대한민국 남극운석탐사 대원으로 남극대륙에 들어가는 행운을 누렸다. 당시는 당연히 대륙기지인 장보고 기지도 없었을 뿐 아니라 우리나라 독자적으로 남극대륙에 들어갈 인프라도 없던 시절로 어찌 보면 무모하다고 볼 수도 있던 도전이었다. 당시 대한민국 과학자들에겐 미지의 영역인 남극대륙에 처음 들어간다고 했을 때 주변 사람들이 아내에게 걱정되지 않느냐고 물었다. 아내의 대답은 "달에 간다고 안 하는 게 다행이지요."였다. 다행인 것이 아니라 아쉽게도 난 달에 가지 못하겠지만 머지않은 미래에 달에 가는 우리나라 지질학자를 볼 수 있을 것이라 희망한다. 달에서 달의 암석을 채취하고 달의 지질을 연구하며, 태양계로 연구 영역을 확장하는 후학들을 꿈꾸고 응원하며 부족한 글을 맺는다. 공부와 필력이 부족함에 아쉬움이 가득하지만 이만 탈고의 기쁨을 누리고자 한다. 2년 동안 필자의 머릿속을 가득 채우고 있던 달을 떨치고자 하는 것은 아니지만, 이제 공간을 좀 비워서 태양계 다른 천체를 소개하기 위한 공부를 시작해 볼까?

최변각

참고/인용 문헌 및 자료

[서적]

Badescu, V. (2012), *Moon: Prospective Energy and Material Resources*, Springer.

Hartmann, W. K. et al. (1986), *Origin of the Moon*, Lunar & Planetary Institute.

Heiken, G. H., Vaniman, D. T., and French, B. M. (1991), *Lunar Source Book: a users guide to the moon*, Cambridge University Press.

Jolliff, B. L. et al. (2006), *New Views of The Moon, Reviews in Mineralogy and Geochemistry Volume 60,* De Gruyter.

Neal, C. R. et al. (2023), *New Views of The Moon 2, Reviews in Mineralogy and Geochemistry 89,* De Gruyter.

Schmitt, H. H. (2006), *Return to the Moon: Exploration, Enterprise, and Energy in the Human Settlement of Space*, Springer New York.

[논문]

Amelin Y., Krot A. N., Hutcheon I. D., and Ulyanov A. A. (2002) Lead Isotopic Ages of Chondrules and Calcium-Aluminum-Rich Inclusions. *Science* 297(5587), 1678-1683.

Andrews-Hanna J. C., Weber R. C., Garrick-Bethell I., Evans A. J., Kiefer W. S., Grimm R. E., Keane J. T., Laneuville M., Ishihara Y., Kamata S., and Matsuyama I. (2023) The Structure and Evolution of the Lunar Interior. *Reviews in Mineralogy and Geochemistry* 89(1), 243-292.

Borg L. E. and Carlson R. W. (2023) The Evolving Chronology of Moon Formation. *Annual Review of Earth and Planetary Sciences* 51, 25-52.

Bowler S. (2023) Why we must go back to the Moon. *Astronomy & Geophysics* 64(2), 2.26-2.29.

Canup R. M., Righter K., Dauphas N., Pahlevan K., Ćuk M., Lock S. J., Stewart S. T., Salmon J., Rufu R., Nakajima M., and Magna T. (2023) Origin of the Moon. *Reviews in Mineralogy and Geochemistry* 89(1), 53-102.

Carlson R. W. (2019) Analysis of lunar samples: Implications for planet formation and evolution. *Science* 365, 240-243.

Connelly J. N., Bollard J., and Bizzarro M. (2017) Pb-Pb chronometry and the early Solar System. *Geochimica et Cosmochimica Acta* 201, 345-363.

Crawford I. A., Anand M., Barber S., Cowley A., Crites S., Fa W., Flahaut J., Gaddis L. R., Greenhagen B., Haruyama J., Hurley D., McLeod C. L., Morse A., Neal C. R., Sargeant H., Sefton-Nash E., and Tartèse R. (2023) Lunar Resources. *Reviews in Mineralogy and Geochemistry* 89(1), 829-868.

Creech S., Guidi J., and Elburn D. (2022) Artemis: An Overview of NASA's Activities to Return Humans to the Moon. In *2022 IEEE Aerospace Conference (AERO)*, 1-7.

Daly R. A. (1946) Origin of the Moon and Its Topography. *Proceedings of the American Philosophical Society* 90(2), 104-119.

Deng H., Ballmer M. D., Reinhardt C., Meier M. M. M., Mayer L., Stadel J., and Benitez F. (2019) Primordial Earth Mantle Heterogeneity Caused by the Moon-forming Giant Impact? *The Astrophysical Journal* 887(2), 211.

De Temmerman G. (2021) The helium bubble: Prospects for ^{3}He-fuelled nuclear fusion. *Joule* 5(6), 1312-1315.

Elardo S. M., Pieters C. M., Dhingra D., Hanna K. L. D., Glotch T. D., Greenhagen B. T., Gross J., Head J. W., Jolliff B. L., Klima R. L., Magna T., McCubbin F. M., and Ohtake M. (2023) The Evolution of the Lunar Crust. *Reviews in Mineralogy and Geochemistry* 89(1), 293-338.

Fa W. and Jin Y. (2010) Global inventory of Helium-3 in lunar regoliths estimated by a multi-channel microwave radiometer on the Chang-E 1 lunar satellite. *Chinese Science Bulletin* 55, 4005-4009.

Fa W. and Jin Y.-Q. (2007) Quantitative estimation of helium-3 spatial distribution in the lunar regolith layer. *Icarus* 190(1), 15-23.

Fortezzo, C.M., Spudis, P. D. and Harrel, S. L. (2020) Unified Geologic Map of the Moon, 1:5M. USGS Astrogeology Science Center.

Gabriel T. S. J. and Cambioni S. (2023) The Role of Giant Impacts in Planet Formation. *Annual Review of Earth and Planetary Sciences* 51(1), 671-695.

Greer J., Zhang B., Isheim D., Seidman D. N., Bouvier A., and Heck P. R. (2023) 4.46 Ga zircons anchor chronology of lunar magma ocean. *Geochemical Perspectives Letters* 27, 49-53.

Hartmann W. K. (2014) The giant impact hypothesis: past, present (and future?).

Philosophical Transactions of the Royal Society A: Mathematical, Physical and Engineering Sciences 372(2024), 20130249.

Hiesinger H. and Jaumann R. (2014) Chapter 23 - The Moon. In *Encyclopedia of the Solar System (Third Edition)* (eds. T. Spohn, D. Breuer, and T. V. Johnson), Elsevier. pp. 493-538.

Johnson T. E., Kirkland C. L., Lu Y., Smithies R. H., Brown M., and Hartnady M. I. H. (2022) Giant impacts and the origin and evolution of continents. *Nature* 608(7922), 330-335.

Kegerreis J. A., Ruiz-Bonilla S., Eke V. R., Massey R. J., Sandnes T. D., and Teodoro L. F. A. (2022) Immediate Origin of the Moon as a Post-impact Satellite. *The Astrophysical Journal Letters* 937, L40.

Kleine T., Münker C., Mezger K., and Palme H. (2002) Rapid accretion and early core formation on asteroids and the terrestrial planets from Hf-W chronometry. *Nature* 418(6901), 952-955.

Krolikowski A. (2023) Time to protect scientific opportunity on the Moon. *Nature Astronomy* 7(6), 637-639.

Landeau M., Olson P., Deguen R., and Hirsh B. H. (2016) Core merging and stratification following giant impact. *Nature Geoscience* 9(10), 786-789.

Liang W., Broquet A., Andrews-Hanna J. C., Zhang N., Ding M., and Evans A. J. (2024) Vestiges of a lunar ilmenite layer following mantle overturn revealed by gravity data. *Nature Geoscience* 17(4), 361-366.

Lock S. J., Bermingham K. R., Parai R., and Boyet M. (2020) Geochemical Constraints on the Origin of the Moon and Preservation of Ancient Terrestrial Heterogeneities. *Space Science Reviews* 216, 109.

Maltagliati L. (2023) A long-awaited return to the Moon. *Nature Astronomy* 7(1), 10.

Neukum G., Ivanov B. A., and Hartmann W. K. (2001) Cratering Records in the Inner Solar System in Relation to the Lunar Reference System. *Space Science Reviews* 96, 55-86.

Quillen A. C., Martini L., and Nakajima M. (2019) Near/far side asymmetry in the tidally heated Moon. *Icarus* 329, 182-196.

Ruiz J. (2011) Giant impacts and the initiation of plate tectonics on terrestrial planets. *Planetary and Space Science* 59(8), 749-753.

Safronov V. S. (1969) Evolution of the Protoplanetary Cloud and Formation of the Earth and the Planets (in Russian). *Akademiya Nauk SSSR*, 206.

Schlüter L. and Cowley A. (2020) Review of techniques for In-Situ oxygen extraction on the moon. *Planetary and Space Science* 181, 104753.

Shearer C. K., Elardo S. M., Petro N. E., Borg L. E., and McCubbin F. M. (2015) Origin of the lunar highlands Mg-suite: An integrated petrology, geochemistry, chronology, and remote sensing perspective. *American Mineralogist* 100(1), 294-325.

Simko T. and Gray M. (2014) Lunar Helium-3 Fuel for Nuclear Fusion: Technology, Economics, and Resources. *World Futures Review* 6(2), 158-171.

Sleep N. H., Zahnle K. J., and Lupu R. E. (2014) Terrestrial aftermath of the Moon-forming impact. *Philosophical Transactions of the Royal Society A: Mathematical, Physical and Engineering Sciences* 372(2024), 20130172.

Stevenson D. J. (2008) A planetary perspective on the deep Earth. *Nature* 451(7176), 261-265.

Tang M. (2021) Composition of the Earth's Crust. In *Encyclopedia of Geology (Second Edition)* (eds. D. Alderton and S. A. Elias), Academic Press, 178-186.

Taylor S. R. (2007) CHAPTER 12 - The Moon. In *Encyclopedia of the Solar System (Second Edition)* (eds. L.-A. McFadden, P. R. Weissman, and T. V. Johnson). Academic Press, 227-250.

Warren P. H. (1985) The magma ocean concept and lunar evolution. *Annual Review of Earth and Planetary Sciences* 13, 201-240.

Warren P. H. and Taylor G. J. (2014) 2.9 - The Moon. In *Treatise on Geochemistry (Second Edition)* (eds. H. D. Holland and K. K. Turekian), Elsevier Science, 213-250.

Wasserburg G. J. (2003) Isotopic Adventures-Geological, Planetological, and Cosmic. *Annual Review of Earth and Planetary Sciences* 31, 1-74.

Wasserburg G. J., Papanastassiou D. A., Tera F., and Huneke J. C. (1977) Outline of a lunar chronology. *Philosophical Transactions of the Royal Society of London. Series A, Mathematical and Physical Sciences* 285(1327), 7-22.

Watson K., Murray B., and Brown H. (1961) On the possible presence of ice on the Moon. *Journal of Geophysical Research* 66(5), 1598-1600.

Weber, R. C., Lin P.-Y., Garnero E. J., Williams Q., and Lognonné P. (2011) Seismic Detection of the Lunar Core. *Science* 331(6015), 309-312.

Wieczorek M. A., Jolliff B. L., Khan A., Pritchard M. E., Weiss B. P., Williams J. G., Hood L. L., Righter K., Neal C. R., Shearer C. K., McCallum I. S., Tompkins S., Hawke B. R., Peterson C., Gillis J. J., and Bussey B. (2006) The Constitution and Structure of the Lunar Interior. *Reviews in Mineralogy and Geochemistry* 60, 221-364.

Williams J. G., Konopliv A. S., Boggs D. H., Park R. S., Yuan D.-N., Lemoine F. G., Goossens S., Mazarico E., Nimmo F., Weber R. C., Asmar S. W., Melosh H. J., Neumann G. A., Phillips R. J., Smith D. E., Solomon S. C., Watkins M. M., Wieczorek M. A., Andrews-Hanna J. C., Head J. W., Kiefer W. S., Matsuyama I., McGovern P. J., Taylor G. J., and Zuber M. T. (2014) Lunar interior properties from the GRAIL mission. *Journal of Geophysical Research: Planets* 119(7), 1546-1578.

Wood B. J. and Halliday A. N. (2005) Cooling of the Earth and core formation after the giant impact. *Nature* 437(7063), 1345-1348.

Yuan Q., Gurnis M., Asimow P. D., and Li Y. (2024) A Giant Impact Origin for the First Subduction on Earth. *Geophysical Research Letters* 51(9), e2023GL106723.

Yuan Q., Li M., Desch S. J., Ko B., Deng H., Garnero E. J., Gabriel T. S. J., Kegerreis J. A., Miyazaki Y., Eke V., and Asimow P. D. (2023) Moon-forming impactor as a source of Earth's basal mantle anomalies. *Nature* 623(7985), 95-99.

Zhang N., Ding M., Zhu M.-H., Li H., Li H., and Yue Z. (2022) Lunar compositional asymmetry explained by mantle overturn following the South Pole-Aitken impact. *Nature Geoscience* 15, 37-41.

[인터넷 사이트]

https://moon.nasa.gov/

https://www.nasa.gov/history/alsj/

https://quickmap.lroc.asu.edu/

https://www.lroc.asu.edu/educators/history

https://curator.jsc.nasa.gov/lunar/samplecatalog/index.cfm

https://photojournal.jpl.nasa.gov/

https://en.wikipedia.org/wiki/Origin_of_the_Moon
https://en.wikipedia.org/wiki/Geology_of_the_Moon
https://en.wikipedia.org/wiki/Exploration_of_the_Moon

[달에 관한 각종 협정 또는 조약문]

Agreement Governing the Activities of States on the Moon and Other Celestial Bodies (달 및 기타 천체에서의 국가의 활동에 관한 협정): https://www.unoosa.org/pdf/gares/ARES_34_68E.pdf

Artemis Accords(아르테미스 협정): https://www.nasa.gov/wp-content/uploads/2022/11/Artemis-Accords-signed-13Oct2020.pdf

Treaty on Principles Governing the Activities of States in the Exploration and Use of Outer Space, including the Moon and Other Celestial Bodies(달 및 기타 천체를 포함한 우주 공간의 탐사 및 이용에 관한 국가의 활동을 규율하는 원칙에 관한 조약): https://www.unoosa.org/pdf/gares/ARES_21_2222E.pdf

[인용한 그림의 사진 및 자료 출처]

그림 1-1. https://commons.wikimedia.org/wiki/File:Planet_collage_to_scale.jpg

그림 1-2. https://photojournal.jpl.nasa.gov/catalog/PIA00601

그림 1-3. https://science.nasa.gov/resource/cassini-grand-finale-concept/

그림 1-5. https://commons.wikimedia.org/wiki/File:Ryugu_colored.jpg
https://commons.wikimedia.org/wiki/File:Bennu_rotation_PolyCam_2018-12-02.gif
https://commons.wikimedia.org/wiki/File:Wild2_3.jpg

그림 1-7. https://photojournal.jpl.nasa.gov/catalog/PIA14021
https://photojournal.jpl.nasa.gov/catalog/PIA14011

그림 2-2. https://photojournal.jpl.nasa.gov/catalog/PIA10368
https://photojournal.jpl.nasa.gov/catalog/PIA26248

그림 2-4. https://science.nasa.gov/resource/from-a-million-miles-away-moon-crossing-face-of-earth/
https://science.nasa.gov/saturn/moons/enceladus/

그림 3-1. https://en.wikipedia.org/wiki/File:Apollo_11_Launch_-_GPN-2000-000630.jpg

https://images.nasa.gov/details-as11-40-5903

그림 3-2. https://nssdc.gsfc.nasa.gov/imgcat/hires/lu3_1.gif
https://images.nasa.gov/details-art001e000268

그림 3-3. https://commons.wikimedia.org/wiki/File:AS17-140-21493+AS17-140-21497.jpg

그림 3-4. https://www.lpi.usra.edu/lunar/missions/clementine/images/img1_lg.gif

그림 3-5. https://commons.wikimedia.org/wiki/File:LRO_WAC_South_Pole_Mosaic.jpg
https://www.shadowcam.asu.edu/images/1293

그림 4-3. https://commons.wikimedia.org/wiki/File:Galileo%27s_sketches_of_the_moon.png, https://commons.wikimedia.org/wiki/File:Galileo_Galilei_(1564-1642)_RMG_BHC2700.tiff

그림 4-4. https://commons.wikimedia.org/wiki/File:Moon_Micrographia_Hooke.png, https://commons.wikimedia.org/wiki/File:Weinek_Mond-Atlas_T033.jpg, https://commons.wikimedia.org/wiki/File:Hipparchus_(LRO).png

그림 4-5. https://commons.wikimedia.org/wiki/File:Supermoon_Nov-14-2016-minneapolis.jpg
https://photojournal.jpl.nasa.gov/catalog/PIA14021
https://photojournal.jpl.nasa.gov/catalog/PIA14011

그림 4-7. https://curator.jsc.nasa.gov/lunar/lsc/15415.pdf, https://curator.jsc.nasa.gov/lunar/lsc/70017.pdf, https://curator.jsc.nasa.gov/lunar/lsc/67015.pdf

그림 4-8. https://en.wikipedia.org/wiki/File:Lunar_Thorium_concentrations.jpg

그림 4-11. https://en.wikipedia.org/wiki/List_of_craters_on_the_Moon

그림 4-12. Ji J., Guo D., Liu J., Chen S., Ling Z., Ding X., Han K., Chen J., Cheng W., Zhu K., Liu J., Wang J., Chen J., and Ouyang Z. (2022) The 1:2,500,000-scale geologic map of the global Moon. Science Bulletin 67(15), 1544-1548. https://en.wikipedia.org/wiki/File:The_geologic_map_of_the_Moon_at_1-2.5M_scale.png

그림 5-3. https://science.nasa.gov/resource/apollo-11-seismic-experiment/

그림 5-5. https://svs.gsfc.nasa.gov/4014

그림 5-6. https://www.jpl.nasa.gov/images/pia17674-moon-crustal-thickness/

그림 5-7. https://commons.wikimedia.org/wiki/File:Moon_elevation_2.stl

그림 5-8. https://www.nasa.gov/wp-content/uploads/2020/10/magfield2-1.jpg

그림 6-1. https://science.nasa.gov/moon/formation/

그림 6-2. https://www.whipplelib.hps.cam.ac.uk/special/exhibitions-and-displays/george-darwin/darwin-tides
https://commons.wikimedia.org/wiki/File:George_Darwin_sepia_tone.jpg

그림 6-4. Source of data: Kleine T. et al. (2002) Nature.

그림 6-6. Source of data: https://www.johnstonsarchive.net/astro/sspopsgraph.html

그림 6-7. https://images.nasa.gov/details-ARC-20221004-AAV3443-MoonOrigin-Social-NASAWeb-1080p

그림 7-1. https://www.lpi.usra.edu/publications/slidesets/clem2nd/images/scle_s18.tif

그림 7-2. https://commons.wikimedia.org/wiki/File:Fusion_in_the_Sun.svg, https://commons.wikimedia.org/wiki/File:CNO_Cycle.svg

그림 7-3. https://www.nasa.gov/wp-content/uploads/2015/02/08_nonmeltpit_190mm.jpg

그림 7-4. https://science.nasa.gov/moon/moon-water-and-ices/

그림 7-5. https://photojournal.jpl.nasa.gov/catalog/PIA13523, https://photojournal.jpl.nasa.gov/catalog/PIA13528

그림 7-6. https://commons.wikimedia.org/wiki/File:Water_Detected_at_High_Latitudes_on_the_Moon.jpg

그림 7-7. https://en.wikipedia.org/wiki/File:NASA-Apollo8-Dec24-Earthrise.jpg

그림 8-1. https://blogs.nasa.gov/artemis/2020/10/28/lunar-living-nasas-artemis-base-camp-concept/
https://commons.wikimedia.org/wiki/File:GATEWAY_(Moon_Space_Station).jpg

찾아보기